信息学奥赛CSP通关之路

CSP-J/S第一轮原创全真模拟试卷集2025

王津　梁泽贤　姜仕华　唐彬峪　夏宗强 —— 编著

人民邮电出版社
北京

图书在版编目（CIP）数据

信息学奥赛CSP通关之路 ： CSP-J/S第一轮原创全真模拟试卷集. 2025 / 王津等编著. -- 北京 : 人民邮电出版社, 2025. -- (Coding Kids). -- ISBN 978-7-115-67361-9

Ⅰ. TP311.1-44

中国国家版本馆CIP数据核字第2025QT2675号

内 容 提 要

信息学奥赛初赛（CSP第一轮）是信息学奥林匹克竞赛（以下简称“信奥赛”）的起始阶段，也是参赛者迈向更高层次竞赛的必经之路。本试卷集是信奥赛初赛的重要学习和训练资料，内容涵盖了信奥赛初赛涉及的计算机科学基础知识、编程技能的实践应用以及算法设计与分析等多项内容。题目设计注重实际应用和思维拓展，难度适中，既有对基础知识的考查，也有一定难度的挑战性题目，适用于对计算机科学和编程感兴趣的青少年。无论是初学者还是有一定基础的选手，都可以从本试卷集中找到适合自己的学习内容和练习题目。此外，本试卷集还可以作为学校信息学竞赛教学的辅助教材，帮助教师制订合适的教学计划和练习方案，引导学生系统地学习和掌握计算机科学的基础知识和技能，更好地备战信奥赛初赛。

◆ 编　　著　王　津　梁泽贤　姜仕华　唐彬峪　夏宗强
　责任编辑　魏勇俊
　责任印制　胡　南

◆ 人民邮电出版社出版发行　　北京市丰台区成寿寺路11号
　邮编　100164　　电子邮件　315@ptpress.com.cn
　网址　https://www.ptpress.com.cn
　固安县铭成印刷有限公司印刷

◆ 开本：787×1092　1/16
　印张：15　　　　　2025年6月第1版
　字数：310千字　　　2025年7月河北第3次印刷

定价：59.80元

读者服务热线：(010)84084456-6009　印装质量热线：(010)81055316

反盗版热线：(010)81055315

前　言

在国际竞争日益激烈、科技浪潮风起云涌的当下，信息学的重要性愈发凸显，信息学奥赛作为发掘和培养信息学人才的关键赛事，吸引着无数怀揣科技梦想的青少年投身其中，而 CSP-J/S 初赛作为信息学奥赛征程的重要起点，其重要性不言而喻。

回顾 2024 年，我们怀着助力选手、推动信息学教育发展的热忱，精心编撰并出版了《信息学奥赛 CSP 满分之路——CSP-J/S 第一轮原创全真模拟试卷集（2024）》（以下简称《试卷集》）。这本《试卷集》承载着我们对信息学教育的深刻理解和对选手们的殷切期望，一经面世，便获得了广大家长和选手们的高度肯定，销量超出预期。这一成绩不仅是对我们工作的认可，更是一份沉甸甸的责任，激励着我们在 2025 年再度出发，为选手们带来更优质、更实用的备考资料。

过去一年，信息学竞赛领域发生了诸多变化，信息学竞赛的考查内容和形式也在不断演变。为了让选手们能够紧跟竞赛步伐，精准把握考试动态，我们的专家团队深入研究信息学奥赛的最新趋势和命题规律，结合以往教学经验和对信息学知识体系的深刻理解，正式推出了 2025 年版的《试卷集》——《信息学奥赛 CSP 通关之路——CSP-J/S 第一轮原创全真模拟试卷集（2025）》，力求让选手们在练习中接触到最真实、最具挑战性的考试场景，希望能为选手们的备考之路提供更多的帮助，让青少年在信息学奥赛初赛赛场上更加从容自信。

本书的特色和用法

2025 年版的《试卷集》沿用 2024 年的思路，在整理和总结往年初赛真题的基础上，以 CSP-J 和 CSP-S 两个组别，各推出全新的 10 套原创题目。在新《试卷集》的编写过程中，我们始终以选手为中心，力求让内容丰富有趣、易于理解。我们相信，只有让选手们在轻松愉快的氛围中学习和练习，才能更好地激发他们的学习兴趣和潜能，提升备考效果。《试卷集》涵盖了 CSP-J/S 初赛所涉及的各种编程知识点，从基础语法到算法逻辑，从数据结构到程序设计思想，既有基础的编程题目，也有具有一定挑战性的思考题。无论是初学者还是已经有过参赛经验的选手，都可以在《试卷集》中找到适合自己的练习内容，逐步提升自己的编程能力和应试技巧。此外，从事教学工作的教练，也可以通过《试卷集》完善日常训练，更好地指导学生参与竞赛，备战初赛。

答案及拓展说明

为节省篇幅，本《试卷集》的答案和解析将以在线模式分享给各位读者，读者可以扫码下载每套题的答案及解析，也可以通过图灵社区本书页面（ituring.cn/book/3495）右侧的“随书下载”进行下载。

学术交流

孩子学习信息学、参与信息学竞赛是一个长期的过程，其间会获得很多经验，也会遇到很多问题。读者可以扫描下方任意一个二维码进入本书读者交流群，了解更多信息学竞赛信息，获取更多学习资料，并与全国的信息学竞赛选手进行交流互动，共同进步。

致谢

首先，我们衷心感谢所有参与编写和审阅2025年版《试卷集》的专家、教练和工作人员。正是你们的辛勤付出和无私奉献，这本全新的《试卷集》才得以顺利出版，为广大备战2025年CSP初赛的选手提供宝贵且及时的复习和练习资料。

其次，我们要郑重地感谢那些在训练一线默默耕耘的指导老师。是你们用自己宝贵的知识和经验，引领更多的孩子走进信息学竞赛的世界，激发了他们对计算机科学和编程的兴趣和热情。在你们的不断付出和坚持下，才有今天不断涌现的一批又一批具备竞赛潜质的青少年选手。

最后，我们要再次感谢所有选择使用这本《试卷集》的选手。你们的信任和支持是我们继续编写《试卷集》的最大动力。希望你们能够通过这本《试卷集》，加深对计算机科学和编程的理解，提高自己的编程能力和解决问题的能力，在信息学竞赛中取得优异的成绩。

最后的话

信息学奥林匹克竞赛的内容和要求会不断更新和变化，特别是从2025年起未满12周岁不得参与CSP比赛的政策，可能会影响很大一批小学生参与信息学竞赛的动力和节奏。不过，信息学是一个难度、强度和复杂度都较高的学科，是需要孩子提前进行预备性的学习和训练的。未满12周岁不能参赛的限制，更多的是出于保护，并不是制约孩子参与信息学学习的障碍。我们更新《试卷集》和相关资料的目标，就是确保孩子们的学习内容与考试要求保持同步、不脱节，让孩子们以一个更好的水平和状态参与即将到来的竞赛。也希望广大读者对本书提出更多宝贵意见，以便修订再版时改进。

2025 年版的《试卷集》，再次承载了我们对信息学教育事业的执着追求，也是我们对广大选手和家长的郑重承诺。我们希望通过这本《试卷集》，能够帮助更多的选手在信息学奥赛初赛中取得优异的成绩，顺利开启信息学领域的精彩征程。

祝所有选手在 2025 年的 CSP-J/S 初赛中取得优异的成绩！

梦熊联盟 CSP-J/S 初赛试卷集编委会

2025 年 4 月

目　录

普及组 CSP-J 2025 初赛模拟卷 1

一、单项选择题（共 15 题，每题 2 分，共计 30 分；每题有且仅有一个正确选项）

1. 在标准 ASCII 码表中，已知英文字母 c 的 ASCII 码十进制表示是 99，那么英文字母 x 的 ASCII 码十六进制表示是（　　）。

   A. 77　　B. 78　　C. 79　　D. 7A

2. 以下关于 CSP 与 GESP 的描述正确的是（　　）。

   A. CSP-J/CSP-S 属于非专业级别软件能力认证，只有中小学生才能参加

   B. CSP-J/CSP-S 是中国通信学会举办的程序设计竞赛

   C. GESP 是中国电子学会举办的程序设计竞赛

   D. GESP C++ 七级成绩 80 分及以上或者八级成绩 60 分及以上，可以申请免 CSP-J 初赛

3. 以下可以用作 C++程序中的变量名的是（　　）。

   A. `_x1`　　B. `new`　　C. `class`　　D. `public`

4. 以下不属于桌面或者手机操作系统的是（　　）。

   A. Linux　　B. Android　　C. MATLAB　　D. Windows 11

5. C++中使用输入和输出函数 `cin` 和 `cout` 会用到（　　）头文件。

   A. iostream　　B. cmath　　C. cstdio　　D. algorithm

6. 寻找最短路径的广度优先搜索算法经常用到的数据结构是（　　）。

   A. 栈　　B. 链表　　C. 向量　　D. 队列

7. 以下哪个域名后缀不属于中华人民共和国管辖？（　　）

   A. cn　　B. uk　　C. hk　　D. mo

8. 下列排序算法中，平均情况下（　　）算法的时间复杂度最小。

   A. 插入排序　　B. 选择排序　　C. 归并排序　　D. 冒泡排序

9. 关于计算机网络，下面的说法中正确的是（　　）。

A. TCP 是网络层协议

B. 计算机病毒只能通过 U 盘等介质传播，不能通过计算机网络传播

C. 计算机网络可以实现资源共享

D. 公司内部的几台计算机组成的网络规模太小，不能称为计算机网络

10. 序列(7, 5, 1, 12, 3, 6, 9, 4)的逆序对有（　　）个。

A. 15　　B. 12　　C. 13　　D. 14

11. 下列属于图像文件格式的是（　　）。

A. MPEG　　B. DOCX　　C. JPEG　　D. WMV

12. 不管 P、Q 如何取值，以下逻辑表达式中取值恒为假的是（　　）。

A. $(\neg Q \land P) \lor (Q \land \neg P)$　　B. $((\neg P \lor Q) \lor (P \lor \neg Q)) \land P \land \neg Q$

C. $\neg P \land ((\neg Q \lor P) \lor (Q \lor \neg P)) \land P$　　D. $((\neg P \lor Q) \lor (Q \lor \neg P)) \land Q \land \neg P$

13. 树的根结点的高度为 1，某完全二叉树有 2025 个结点，其高度是（　　）。

A. 10　　B. 11　　C. 12　　D. 13

14. 现有 9 个苹果，要放入 5 个不同的盘子，允许有的盘子中放 0 个苹果，则不同的放法共有（　　）种。

A. 720　　B. 715　　C. 126　　D. 252

15. G 是一个非连通无向图（没有重边和自环），共有 36 条边，则该图至少有（　　）个顶点。

A. 6　　B. 9　　C. 10　　D. 8

二、阅读程序（程序输入不超过数组或字符串定义的范围；判断题正确填√，错误填×；除特殊说明外，判断题每题 1.5 分，选择题每题 3 分，共计 40 分）

（1）

```
01 #include <bits/stdc++.h>
02 using namespace std;
03
04 using i64 = long long;
```

```
05
06 int popcount(i64 x)
07 {
08     int res = 0;
09     while(x)
10     {
11         if(x & 1 == 1)
12             res++;
13         x >>= 1;
14     }
15     return res;
16 }
17
18 int calc(i64 x)
19 {
20     int sum = 0;
21     for(i64 i = 1; i <= x; i++)
22         sum += popcount(i);
23     return sum;
24 }
25
26 int sum(i64 l, i64 r)
27 {
28     return calc(r) - calc(l);
29 }
30
31 int main()
32 {
33     i64 l, r;
34     cin >> l >> r;
35     cout << calc(l) << ' ' << sum(l, r) << endl;
36     return 0;
37 }
```

■ **判断题**

16. 若程序输入为 5 8，则程序输出 7 6。 ( )

17. 若将第 11 行中的&符号改为^符号，程序输出结果一定不会改变。 ( )

18. 若将头文件#include <bits/stdc++.h>改成#include <stdio.h>，程序仍能正常运行。 ( )

■　**选择题**

19. 若输入为1 12，则输出是什么？（　　）

A. 1 21　　B. 1 20　　C. 1 22　　D. 2 22

20. 程序中的sum函数实现了什么功能？（　　）

A. 计算了[l, r]区间内的每个数二进制位上1的个数之和

B. 计算了[l, r]区间内的每个数二进制位上0的个数之和

C. 计算了(l, r]区间内的每个数二进制位上1的个数之和

D. 计算了(l, r]区间内的每个数二进制位上0的个数之和

（2）

```
01 #include <bits/stdc++.h>
02 using namespace std;
03
04 const int inf = 0x3f3f3f3f;
05
06 int solve(vector<int> &cur)
07 {
08     int n = cur.size();
09     vector<vector<int>> dp(n + 1, vector<int>(n + 1, inf));
10     for(int i = 0; i <= n; i++)
11         dp[0][i] = dp[i][0] = 0;
12     for(int i = 1; i <= n; i++)
13         dp[i][i] = cur[i - 1];
14     for(int i = 1; i <= n; i++)
15         for(int j = 1; j <= n; j++)
16             if(i != j)
17                 dp[i][j]=min(dp[i][j],dp[i-1][j]+dp[i][j-1]);
18     int ans = 0;
19     for(int i = 1; i <= n; i++)
20         ans = max(ans, dp[n][i]);
21     return ans;
22 }
23
24 int main()
25 {
26     int n;
27     cin >> n;
```

```
28     vector<int> cost(n);
29     for(int i = 0; i < n; i++)
30         cin >> cost[i];
31     cout << solve(cost) << endl;
32     return 0;
33 }
```

■ **判断题**

21. 若输入为 3 1 2 3，则输出为 3。（　　）

22. 计算 dp 数组的时间复杂度为 $O(n^2)$。（　　）

23. （2 分）若将第 28 行改为 vector<int> cost(n+1)，则当输入 3 1 2 3 时，solve 函数中的 n=3。（　　）

■ **选择题**

24. 当输入的 cost 数组为{4,0,0,5,6}时，程序的输出为（　　）。

A. 23　　B. 25　　C. 24　　D. 22

25. 若将第 17 行改为 dp[i][j] = min(dp[i][j], dp[i-1][j]-dp[i][j-1]);，则当输入的 cost 数组为{4,0,0,5,6}时，程序的输出为（　　）。

A. 20　　B. 21　　C. 22　　D. 23

26. （4 分）当输入的 cost 数组为{4,0,0,5,6}时，在 solve 函数中，dp[2][3]的值为（　　）。

A. 1　　B. 2　　C. 3　　D. 4

（3）

```
01 #include <bits/stdc++.h>
02 using namespace std;
03
04 int func(int a, int b)
05 {
06     if(a == 0)
07         return b;
08     if(b == 0)
09         return a;
10     return a + func(b, a % b);
11 }
```

```
12
13 int main()
14 {
15     int x, y;
16     cin >> x >> y;
17     cout << func(x, y) << endl;
18     return 0;
19 }
```

假设输入均为非负整数，完成下面的问题。

■ **判断题**

27. 当输入为 2 3 时，程序的输出为 5。（ ）

28. 若输入只有一个为 0，则程序的输出为输入的另一个数字。（ ）

29. 当输入为 6 8 时，func 函数将会被进入 4 次。（ ）

■ **选择题**

30. 当输入为 6 8 时，程序的输出为（ ）。

A. 20　　B. 21　　C. 22　　D. 23

31. 当输入为 3 5 时，func 函数的调用顺序是（ ）。

A. func(3,5)-func(5,3)-func(3,2)-func(2,1)-func(1,0)

B. func(3,5)-func(5,3)-func(3,2)-func(2,1)-func(1,1)-func(1,0)

C. func(3,5)-func(5,2)-func(2,1)-func(1,1)-func(1,0)

D. func(3,5)-func(5,2)-func(2,1)-func(1,0)

32. （4 分）若将第 10 行的代码改为 return a + func(b,a-b)，则当输入为 3 5 时，得到的输出为（ ）。

A. 14　　B. 8

C. 6　　D. 产生未定义行为，结果未知

三、完善程序（单选题，每小题 3 分，共计 30 分）

（1）题目描述：

给定一个整数数组 colors 和一个整数 k，其中 colors 表示一个由红色瓷砖和蓝色

瓷砖组成的环，第 i 块瓷砖的颜色为 colors[i]（1 代表红色，0 代表蓝色）。环中连续 k 块瓷砖的颜色如果是**交替**颜色（除了第一块和最后一块瓷砖以外，中间瓷砖的颜色与它**左边**瓷砖和**右边**瓷砖的颜色都不同），那么它被称为一个交替组。现在，请你找出交替组的个数。

```
01 #include <iostream>
02 #include <①>
03
04 using namespace std;
05
06 int main()
07 {
08     int n, k;
09     cin >> n >> k;
10     vector<int> colors(n);
11     for(int i = 0; i < n; i++)
12         cin >> colors[i];
13     int ans = 0, cnt = ②;
14     for(int i = 0; i < ③; i++)
15     {
16         if(i > 0 && ④)
17             cnt = 0;
18         cnt++;
19         ans += (⑤ && cnt >= k);
20     }
21     cout << ans << endl;
22     return 0;
23 }
```

33. ①处应填（　　）。

A. vector　　B. set　　C. string　　D. map

34. ②处应填（　　）。

A. -1　　B. 0　　C. 1　　D. 2

35. ③处应填（　　）。

A. n　　B. n-1　　C. 2*n　　D. 2*(n-1)

36. ④处应填（　　）。

A. `colors[i] == colors[i-1]`

B. `colors[i] != colors[i-1]`

C. `colors[i % n] == colors[(i-1) % n]`

D. `colors[i % n] != colors[(i-1) % n]`

37. ⑤处应填（　　）。

A. `i > n`　　B. `i >= n`　　C. `i < n`　　D. `i <= n`

（2）题目描述：

在国际象棋中，马的一次移动定义为：垂直移动两个方格后再水平移动一个方格，或者水平移动两个方格后再垂直移动一个方格（两者都形成一个 **L** 的形状）。

现在，我们有一个马和一个电话垫（如下所示），马只能站在数字单元格上。你可以将马放置在**任何数字单元格**上，然后你应该执行 n-1 次移动来获得长度为 n 的号码。马所有的移动应该是符合规则的有效的移动。马在一次移动的过程中可以经过符号单元格，但必须保证这次移动结束后马站在数字单元格上。

给定一个整数 n，请你计算可以得到多少个长度为 n 的数字串。由于答案可能很大，请你输出答案对 10^9+7 取模后的结果。

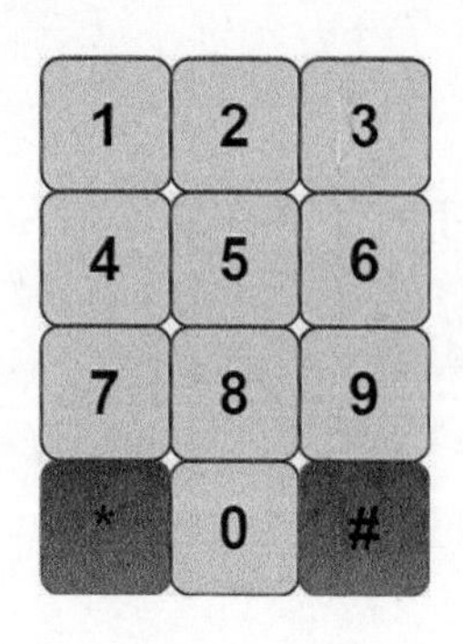


```
01 #include <iostream>
02 #include <vector>
03
04 using namespace std;
05
06 const int mod = 1E9 + 7;
07 vector<vector<int>> pos = {{4, 6}, {6, 8}, {7, 9}, {4, 8}, {0, 3, 9},
   ①, {0, 1, 7}, {2, 6}, {1, 3}, {2, 4}};
08
09 int main()
```

```
10 {
11     int n;
12     cin >> n;
13     vector<vector<int>> dp(10, vector<int>(n + 1, 0));
14     for(int i = 0; i < 10; i++)
15         ② = 1;
16     for(int j = 2; j <= n; j++)
17     {
18         for(int i = 0; i < 10; i++)
19         {
20             for(int k = 0; k < pos[i].size(); k++)
21             {
22                 dp[i][j] += dp[③][j - 1];
23                 ④;
24             }
25         }
26     }
27     int ans = 0;
28     for(int i = 0; i < 10; i++)
29     {
30         ⑤;
31         ans %= mod;
32     }
33     cout << ans << endl;
34     return 0;
35 }
```

38. ①处应填（　　）。

A. {1, 3, 7, 9}　　B. {*, #}

C. {2, 8, 0}　　D. {}

39. ②处应填（　　）。

A. dp[i][1]　　B. dp[1][i]

C. dp[i][0]　　D. dp[0][i]

40. ③处应填（　　）。

A. k　　B. pos[k][i]

C. pos[i][k]　　D. pos[i-1][k]

41. ④处应填（　　）。

A. `dp[i][k] %= mod`　　B. `dp[j][i] -= mod`

C. `dp[i][j] %= mod`　　D. `dp[i][j] -= mod`

42. ⑤处应填（　　）。

A. `ans += dp[i][n]`　　B. `ans += dp[i][n-1]`

C. `ans += dp[n][i]`　　D. `ans += dp[n-1][i]`

普及组 CSP-J 2025 初赛模拟卷 2

一、单项选择题（共 15 题，每题 2 分，共计 30 分；每题有且仅有一个正确选项）

1. 在 C++程序中，假设一个字符占用的内存空间是 1 字节，则下列程序中，s 占用的内存空间是（　　）字节。

```
char s[] = "hello oiers";
size_t cnt = strlen(s);
cout << cnt << endl;
```

A. 10　　B. 11　　C. 13　　D. 12

2. 十六进制数 B2025 转换成八进制数是（　　）。

A. 2620045　　B. 2004526　　C. 729125　　D. 2420045

3. 以下能正确定义二维数组的是（　　）。

A. `int a[3][];`　　B. `int a[][];`

C. `int a[][4];`　　D. `int a[][2] = {{1,2},{1,2},{3,4}};`

4. 二进制[10000011]原码和[10000011]补码表示的十进制数值分别是（　　）。

A. −125，−3　　B. −3，−125　　C. −3，−3　　D. −125，−125

5. 在 C++中，下列定义方式中，变量的值不能被修改的是（　　）。

A. `unsigned int a = 5;`　　B. `static double d = 3.14;`

C. `string s = "ccf csp-j";`　　D. `const char c = 'k';`

6. 走迷宫的深度优先搜索算法经常用到的数据结构是（　　）。

A. 向量　　B. 栈　　C. 链表　　D. 队列

7. 关于递归，以下叙述中正确的是（　　）。

A. 动态规划算法都是用递归实现的

B. 递归比递推更高级，占用的内存空间更少

C. A 函数调用 B 函数，B 函数再调用 A 函数不属于递归的一种

D. 递归是通过调用自身来求解问题的编程技术

8. 以下不属于计算机输入设备的是（　　）。

A. 扫描仪　　B. 显示器　　C. 鼠标　　D. 麦克风

9. 关于排序算法，下面的说法中正确的是（　　）。

A. 快速排序算法在最坏情况下的时间复杂度是 $O(n\log n)$

B. 插入排序算法的时间复杂度是 $O(n\log n)$

C. 归并排序算法的时间复杂度是 $O(n\log n)$

D. 冒泡排序算法是不稳定的

10. 下列关于 C++语言的叙述中不正确的是（　　）。

A. 变量没有定义也能使用

B. 变量名不能以数字开头，且中间不能有空格

C. 变量名不能和 C++语言中的关键字重复

D. 变量在定义的时候可以不用赋值

11. 如果 x 和 y 均为 `int` 类型的变量，下列表达式中能正确判断“x 等于 y”的是(　　)。

A. `(1 == (x / y))`　　B. `(x == (x & y))`

C. `(0 == (x ^ y))`　　D. `(y == (x | y))`

12. 在如今的智能互联网时代，AI 如火如荼，除了计算机领域以外，通信领域的技术发展也做出了很大贡献。被称为“通信之父”的是（　　）。

A. 克劳德·香农　　B. 莱昂哈德·欧拉

C. 约翰·冯·诺依曼　　D. 戈登·摩尔

13. 一棵满二叉树的深度为 3（根结点的深度为 1），按照后序遍历的顺序从 1 开始编号，根结点的右子结点的编号是（　　）。

A. 3　　B. 6　　C. 7　　D. 5

14. 三头奶牛 Bessie、Elise 和 Nancy 去参加考试，考场是连续的 6 间牛棚，用栅栏隔开。为了防止作弊，任意两头奶牛都不能在相邻的牛棚，则考场安排共有（　　）种不同的方法。

A. 18　　B. 24　　C. 30　　D. 48

15. 为强化安全意识，某学校准备在某消防月连续 10 天内随机抽取 3 天进行消防紧急疏散演习，抽取的 3 天为连续 3 天的概率为（　　）。

A. 3/10　　B. 3/20　　C. 1/15　　D. 1/18

二、阅读程序（程序输入不超过数组或字符串定义的范围；判断题正确填√，错误填×；除特殊说明外，判断题每题 1.5 分，选择题每题 3 分，共计 40 分）

（1）

```
01 #include <iostream>
02 #include <vector>
03 #include <algorithm>
04 using namespace std;
05
06 using i64 = long long;
07
08 int clz(i64 x)
09 {
10     for(int i = 0; i != 64; i++)
11         if((x >> (63 - i)) & 1)
12             return i;
13     return 64;
14 }
15
16 bool cmp(i64 x, i64 y)
17 {
18     if(clz(x) == clz(y))
19         return x < y;
20     return clz(x) < clz(y);
21 }
22
23 int main()
24 {
25     int n;
26     cin >> n;
27     vector<int> a(n);
28     for(int i = 0; i < n; i++)
29         cin >> a[i];
30     sort(a.begin(), a.end(), cmp);
31     for(int i = 0; i < n; i++)
```

```
32      cout << a[i] << " \n"[i == n - 1];
33    return 0;
34 }
```

■ 判断题

16. 若程序输入5 0 4 2 1 3，则程序输出4 2 3 1 0。（ ）

17. 若将第19行中的 < 换为 >，则当程序输入5 0 4 2 1 3时，程序输出为4 3 2 1 0。（ ）

18. 当调用cmp(3, 3)时，函数的返回值为false。（ ）

■ 选择题

19. 若输入5 4 2 1 3 1，则输出是什么？（ ）

A. 3 4 2 1 1　　B. 3 2 4 1 1　　C. 4 3 2 1 1　　D. 4 2 3 1 1

20. 这个程序实现了什么功能？（ ）

A. 将输入的数组按照二进制位上从左到右第一个1前0的个数由多到少进行排序

B. 将输入的数组按照二进制位上从左到右第一个1前0的个数由少到多进行排序

C. 将输入的数组按照二进制位上从左到右第一个1前0的个数由多到少进行排序，当0的个数相同时，按照原数字由小到大进行排序

D. 将输入的数组按照二进制位上从左到右第一个1前0的个数由少到多进行排序，当0的个数相同时，按照原数字由小到大进行排序

（2）

```
01 #include <iostream>
02 #include <vector>
03 #include <algorithm>
04 #include <set>
05 #include <string>
06 using namespace std;
07
08 const int inf = 0x3f3f3f3f;
09
10 int calc(vector<vector<int>> &grid)
11 {
12    int m = grid.size(), n = grid[0].size();
13    vector<vector<int>> dp(m + 1, vector<int>(n + 1, inf));
14   dp[0][0] = grid[0][0];
```

```
15    for(int i = 0; i < m; i++)
16        for(int j = 0; j < n; j++)
17        {
18            if(i > 0)
19                dp[i][j]=min(dp[i][j], dp[i-1][j] + grid[i][j]);
20            if(j > 0)
21                dp[i][j]=min(dp[i][j], dp[i][j-1] + grid[i][j]);
22        }
23    return dp[m - 1][n - 1];
24 }
25
26 int main()
27 {
28     int m, n;
29     cin >> m >> n;
30     vector<vector<int>> a(m, vector<int>(n));
31     for(int i = 0; i < m; i++)
32         for(int j = 0; j < n; j++)
33             cin >> a[i][j];
34     cout << calc(a) << endl;
35     return 0;
36 }
```

假设 m≤100，n≤10000，完成下面的问题。

■ 判断题

21. 若输入 2 3 1 2 3 4 5 6，则输出为 10。（ ）

22. 计算 dp 数组的时间复杂度为 $O(n^2)$。（ ）

23. （2 分）在 calc 函数中，访问 dp[m][n]不会发生越界错误。（ ）

■ 选择题

24. 当输入的 a 数组为{{1, 3, 1}, {1, 5, 1}, {4, 2, 1}}时，程序输出为（ ）。

A. 4　　B. 7　　C. 6　　D. 5

25. 若将第 19 行改为 dp[i][j] = min(dp[i][j], dp[i-1][j] - grid[i][j]);，则当输入的 a 数组为{{1, 2, 3}, {4, 5, 6}}时，程序的输出为（ ）。

A. -3　　B. -2　　C. -1　　D. 0

26.（4分）若将第10行中的&符号去除，可能出现什么情况？（　　）

A. dp 数组计算错误　　B. calc 函数中的 grid 数组和 a 数组不一致

C. 无影响　　D. 发生编译错误

（3）

```
01 #include <iostream>
02 #include <vector>
03 #include <algorithm>
04 #include <set>
05 #include <string>
06 using namespace std;
07
08 const int N = 1010;
09
10 vector<int> E[N];
11 int V[N];
12 int n;
13
14 void add(int x, int y)
15 {
16     E[x].push_back(y);
17 }
18
19 int gcd(int x, int y)
20 {
21     return !y ? x : gcd(y, x % y);
22 }
23
24 void calc(int cur, int fa)
25 {
26     V[cur] = (gcd(cur, fa) != 1);
27     for(auto v: E[cur])
28     {
29         if(v == fa)
30             continue;
31         calc(v, cur);
32         V[cur] += V[v];
33     }
34     return;
```

```
35 }
36
37 int main()
38 {
39     cin >> n;
40     for(int i = 1; i < n; i++)
41     {
42         int x, y;
43         cin >> x >> y;
44         add(x, y);
45         add(y, x);
46     }
47     calc(1, 1);
48     for(int i = 1; i <= n; i++)
49         cout << V[i] << " \n"[i == n];
50     return 0;
51 }
```

已知 gcd(x, y)的时间复杂度为 $O(\log(\min(x, y)))$，输入中 1≤x,y≤n 且 x!=y，回答下面的问题。

■ **判断题**

27. 当输入为 4 1 2 1 3 1 4 时，程序的输出为 0 0 0 0。 （ ）

28. gcd 函数用来计算两个数 x 和 y 的最大公约数。 （ ）

29. 对于树上的一条边(x, y)，若 x 为 y 的父结点，则必然有 V[x]≤V[y]。 （ ）

■ **选择题**

30. 当输入为 4 1 2 1 3 2 4 时，程序的输出为（ ）。

A. 0 0 0 0　　B. 1 1 0 1　　C. 0 0 1 0　　D. 1 1 1 1

31. （4 分）calc 函数的时间复杂度为（ ）。

A. $O(n\log n)$　　B. $O(n^2)$　　C. $O(n)$　　D. $O(\log n)$

32. 若将第 32 行中的代码改为 V[cur] *= V[v]，则当输入为 4 1 2 1 3 2 4 时，得到的输出为（ ）。

A. 1 1 1 0　　B. 1 1 0 1　　C. 0 0 1 0　　D. 0 0 0 1

三、完善程序（单选题，每小题 3 分，共计 30 分）

（1）题目描述：

给定一个长为 n（$1 \leqslant n \leqslant 2 \times 10^5$）的数组 a（$-10^9 \leqslant a[i] \leqslant 10^9$），执行如下操作，直到 a 中只剩下 1 个数：

删除 a[i]。如果 a[i]左右两边都有数字，则把 a[i-1]和 a[i+1]合并成一个数。

输出最后剩下的那个数的最大值。

```
01 #include <bits/stdc++.h>
02 using namespace std;
03
04 using i64 = long long;
05
06 void solve()
07 {
08     int n, flag = 0, mx = ①;
09     cin >> n;
10     vector<int> a(n + 1);
11     for(int i = 1; i <= n; i++)
12     {
13         cin >> a[i];
14         if(a[i] < 0)
15             flag++;
16         mx = max(mx, a[i]);
17     }
18     if(②)
19     {
20         cout << mx << endl;
21         return;
22     }
23     ③ sum1 = 0, sum2 = 0;
24     for(int i = 1; i <= n; i += 2)
25         sum1 += max(a[i], 0);
26     for(int i = 2; i <= n; i += 2)
27         ④;
28     cout << ⑤ << endl;
29     return;
30 }
31
```

```
32 int main()
33 {
34     int t = 1;
35     cin >> t;
36     while(t--)
37         solve();
38 }
```

33. ①处应填（　　）。

A. 0　　B. 1E9　　C. -1E8　　D. -2E9

34. ②处应填（　　）。

A. flag==n　　B. flag==0　　C. flag!=0　　D. flag!=n

35. ③处应填（　　）。

A. int　　B. i64　　C. i32　　D. unsigned int

36. ④处应填（　　）。

A. sum2 += max(a[i], 0)　　B. sum2 += min(a[i], 0)

C. sum2 -= min(a[i], 0)　　D. sum2 -= max(a[i], 0)

37. ⑤处应填（　　）。

A. min(sum1, sum2)　　B. max(sum1, sum2)

C. sum1 + sum2　　D. sum1 - sum2

（2）题目描述：

给定一个字符串 t 和一个字符串列表 s 作为字典。保证 s 中的字符串互不相同，且 t 和 s[i]中均只包含小写英文字母。

如果可以利用字典中出现的一个或多个单词拼接出 t，则返回 true。注意：不要求字典中出现的单词全部使用，并且字典中的单词可以重复使用。

数据限制：1≤t.length()≤300，1≤s.size()≤1000，1≤s[i].length()≤20。

```
01 #include <iostream>
02 #include <vector>
03 #include <algorithm>
04 #include <set>
```

```
05 #include <string>
06 using namespace std;
07 
08 const int N = 1010;
09 
10 int n, mx, m;
11 vector<string> s;
12 vector<int> mem;
13 string t;
14 set<string> st;
15 
16 int dfs(int i)
17 {
18     if(i == 0)
19         return 1;
20     if(①)
21         return mem[i];
22     for(int j = i - 1; j >= max(i - mx, 0); j--)
23         if(st.find(②) != st.end() && dfs(j))
24             return mem[i] = 1;
25     return ③;
26 
27 }
28 
29 int main()
30 {
31     cin >> n;
32     s.resize(n);
33     for(int i = 0; i < n; i++)
34     {
35         cin >> s[i];
36         mx = max(mx, ④);
37     }
38     st = set<string>(s.begin(), s.end());
39     cin >> t;
40     m = (int)t.length();
41     mem.resize(m + 1, -1);
42     if(⑤)
43         cout << "Yes\n";
44     else
```

```
45         cout << "No\n";
46
47     return 0;
48 }
```

38. ①处应填（　　）。

A. `mem[i] != -1`　　B. `mem[i] == -1`

C. `mem[i] == 0`　　D. `mem[i] != 0`

39. ②处应填（　　）。

A. `t.substr(i, j - i)`　　B. `t.substr(j, i - j)`

C. `t.substr(j)`　　D. `t.substr(i)`

40. ③处应填（　　）。

A. `1`　　B. `mem[i] = 1`

C. `0`　　D. `mem[i] = 0`

41. ④处应填（　　）。

A. `s[i].length()`　　B. `(int)s[i].length()`

C. `s[i].length() - 1`　　D. `(int)s[i].length() - 1`

42. ⑤处应填（　　）。

A. `!dfs(m)`　　B. `!dfs(n)`　　C. `dfs(m)`　　D. `dfs(n)`

普及组 CSP-J 2025 初赛模拟卷 3

一、单项选择题（共 15 题，每题 2 分，共计 30 分；每题有且仅有一个正确选项）

1. 如果 a 和 b 都是 char 类型的变量，下列哪个语句不符合 C++语法？（　　）

A. `b = ++a;`　　B. `b = 'a'++;`

C. `b = 'a' + '1';`　　D. `b = a++;`

2. 泛洪填充算法属于（　　）算法。

A. 贪心　　B. 二分　　C. 动态规划　　D. 搜索

3. 在下列代码的横线处填写（　　），可以使得输出是“5 8”。

```
#include <bits/stdc++.h>
using namespace std;
int main()
{
    Int x = 8, y = 5;
    __________;
    x = x ^ y;
    y = x ^ y;
    cout << x << " " << y << endl;
    return 0;
}
```

A. `x = x ^ y`　　B. `y = x ^ y`

C. `a = x + y`　　D. `x = x + y`

4. 小写字母 a 的 ASCII 码值为 97，小写字母 z 的 ASCII 码值用八进制数表示为(　　)。

A. 170　　B. 174　　C. 172　　D. 171

5. 从 n 个正整数 1, 2, …, n 中任意取出两个不同的数，若取出的两数之和等于 5 的概率为 1/14，则 n 为（　　）。

A. 6　　B. 7　　C. 8　　D. 9

6. 下面不可以用作 C++程序中的变量名的是（ ）。

A. `cstr` B. `cint` C. `pops` D. `this`

7. 设有 n 个数和 m 个桶，桶排序算法（桶内采用插入排序）在最坏情况下的时间复杂度是（ ）。

A. $O(nm)$ B. $O(n+m)$ C. $O(n^2)$ D. $O(n\log n)$

8. 一个二维数组定义为 `long long a[5][8];`，则这个二维数组占用内存空间的大小为（ ）字节。

A. 320 B. 160 C. 80 D. 40

9. 下列关于 C++语言中自定义函数的叙述，正确的是（ ）。

A. 自定义函数的参数可以是结构体类型
B. 自定义函数的参数不能超过五个
C. 自定义函数必须有返回值
D. 自定义函数定义必须写在调用它的函数前面，否则会发生编译错误

10. 为了防范计算机病毒，保护个人隐私和信息安全，下列做法中正确的是（ ）。

A. 每六个月更换一次计算机的登录密码，密码采用大小写英文字母和数字混合的形式，位数多于 8 位
B. 手机收到提示中奖的短信，点开链接看看是否真的中奖了
C. 将个人的私密照片和视频发到同学间建立的 QQ 群
D. 借用同学的 U 盘将下载的网络游戏安装包复制到自己的笔记本计算机中

11. 下列代码可以用来求最长上升子序列（LIS）的长度，如果输入是 `5 1 7 3 5 9`，则输出是（ ）。

```
#include <bits/stdc++.h>
using namespace std;
int a[2025],dp[2025];
int main()
{
    int n,i,j,ret = -1;
    cin >> n;
    for(i=1; i<=n; ++i)
    {
```

```
        cin >> a[i];
        dp[i] = 1;
    }
    for(i=1; i<=n; ++i)
        for(j=1; j<i; ++j)
            if(a[j] < a[i])
                dp[i] = max(dp[i],dp[j]+1);
    for(i=1; i<=n; ++i)
    {
        ret = max(ret,dp[i]);
        cout << dp[i] << " ";
    }
    cout << ret << endl;
    return 0;
}
```

A. 9 7 5 1 1 9　B. 1 2 2 3 4 4　C. 1 3 5 7 9 9　D. 1 1 1 1 1 1

12. 已知逻辑表达式 A=true，B=C=D=false，则以下逻辑表达式中取值为真的是（　　）。

A. (C∧D∨¬A)∨(A∧C∨D)　　B. ¬((A∧B∨C)∧(D∨B))

C. (A∧(B∨C∨D))∨(A∧D)　　D. (A∨(C∨D))∧(B∨C)

13. 某二叉树的前序遍历序列为 ABDFCEGH，中序遍历序列为 BFDAGEHC，则下列说法中正确的是（　　）。

A. 树的高度为 3

B. 点 A 的右子树共有 4 个结点

C. 树可能有 4 个叶子结点或者 2 个叶子结点

D. 以上说法都不对

14. 设 p 为 2~100 范围内的质数，p^3+7p^2 为完全平方数，则 p 的取值有（　　）种不同的可能。

A. 2　　B. 1　　C. 3　　D. 0

15. 在图的广度优先搜索中，既要维护一个标志数组来标志已访问的结点，还需使用（　　）结构存放结点以实现遍历。

A. 栈　　B. 堆　　C. 队列　　D. 哈希表

二、阅读程序（程序输入不超过数组或字符串定义的范围；判断题正确填√，错误填×；除特殊说明外，判断题每题 1.5 分，选择题每题 3 分，共计 40 分）

（1）

```
01 #include <bits/stdc++.h>
02 using namespace std;
03
04 bool isValid(string s) {
05     stack<char> stk;
06     for (char ch: s) {
07         if (ch == '(' || ch == '[' || ch == '{') {
08             stk.push(ch);
09         } else {
10             if (stk.empty()) {
11                 return false;
12             }
13             if (ch == ')' && stk.top() != '(') {
14                 return false;
15             }
16             if (ch == ']' && stk.top() != '[') {
17                 return false;
18             }
19             if (ch == '}' && stk.top() != '{') {
20                 return false;
21             }
22             stk.pop();
23         }
24     }
25     return stk.empty();
26 }
27
28 int main() {
29     string s;
30     cin >> s;
31     if(isValid(s))
32         cout << "Valid" << endl;
33     else
34         cout << "Invalid" << endl;
35     return 0;
36 }
```

■ 判断题

16. 若程序输入({[]})，则程序输出 Valid。 ( )

17. 若将第 10~12 行代码删除，则程序依然可以正常运行。 ( )

18. 若删除头文件<bits/stdc++.h>，则只需要添加<iostream>头文件就可以通过编译。 ( )

■ 选择题

19. 若输入((({{[]}}}))，则输出是什么？ ( )

A. Valid　　B. Invalid　　C. invalid　　D. valid

20. 这个程序的时间复杂度是多少？ ( )

A. $O(n)$　　B. $O(n^2)$　　C. $O(n\log n)$　　D. $O(n\sqrt{n})$

（2）

```
01 #include <bits/stdc++.h>
02 using namespace std;
03
04 int main() {
05     int n;
06     cin >> n;
07     vector<int> a(n);
08     for(int i = 0; i < n; i++)
09         cin >> a[i];
10     vector<int> dp(n + 1, 0);
11     for(int i = 0; i < n; i++) {
12         if(i >= 2)
13             dp[i] = max(dp[i - 1], dp[i - 2] + a[i]);
14         else
15             dp[i] += a[i];
16         if(i >= 1)
17             dp[i] = max(dp[i], dp[i - 1]);
18     }
19     int ans = 0;
20     for(int i = 0; i < n; i++) {
21         ans = max(ans, dp[i]);
22     }
23     cout << ans << endl;
24     return 0;
25 }
```

■ 判断题

21. 若输入 5 2 7 9 3 1，则输出为 12。（　　）

22. 这段代码对应的状态转移方程为 dp[i] = max(dp[i-1], dp[i-2]+a[i]),i>=2；初值为 dp[0] = a[0], dp[1] = a[1]。（　　）

23. （2 分）在主函数中，访问 dp[n]不会发生越界错误。（　　）

■ 选择题

24. 当输入的 a 数组为{2, 1, 1, 2}时，程序的输出为（　　）。

A. 1　　B. 2　　C. 3　　D. 4

25. 若将第 13 行改为 dp[i] = max(dp[i-1], dp[i-2] - a[i]);，则当输入的 a 数组为{10, 1, 0, 25, 3}时，程序的输出为（　　）。

A. 1　　B. 10　　C. 35　　D. 25

26. （4 分）当输入的 a 数组为{0, 2, 3, 0, 5, 6, 0, 8, 9}时，程序的输出为（　　）。

A. 18　　B. 33　　C. 34　　D. 2

（3）

```
01 #include <bits/stdc++.h>
02 using namespace std;
03
04 int bfs(vector<vector<int>>& grid) {
05     const int m = grid.size(), n = grid[0].size();
06     const int dx[] = {-1, 0, 1, 0}, dy[] = {0, -1, 0, 1};
07     using pii = pair<int, int>;
08     queue<pii> q;
09     vector<vector<bool>> vis(m + 1, vector<bool>(n + 1));
10     int ans = 0, tot = 0, cnt = 0;
11     for(int i = 0; i < m; i++)
12         for(int j = 0; j < n; j++) {
13             if(grid[i][j] == 2)
14                 q.push({i, j}), vis[i][j] = 1;
15             tot += (grid[i][j] != 0);
16         }
17     while(!q.empty()) {
18         int cur = q.size();
19         for(int i = 1; i <= cur; i++) {
```

```
20          auto u = q.front();
21          int x = u.first, y = u.second;
22          q.pop();
23          cnt++;
24          for(int j = 0; j < 4; j++) {
25             int cx = x + dx[j], cy = y + dy[j];
26             if(cx < 0 || cx >= m || cy < 0 || cy >= n ||
                     vis[cx][cy] || grid[cx][cy] == 0)
27                continue;
28             if(grid[cx][cy] == 1)
29                q.push({cx, cy}), vis[cx][cy] = 1;
30          }
31       }
32       ans++;
33    }
34    if(tot == cnt)
35       return max(0, ans - 1);
36    else
37       return -1;
38 }
39
40 int main() {
41    int m, n;
42    cin >> m >> n;
43    vector<vector<int>> a(m, vector<int>(n));
44    for(int i = 0; i < m; i++)
45       for(int j = 0; j < n; j++)
46          cin >> a[i][j];
47    cout << bfs(a) << endl;
48    return 0;
49 }
```

■ 判断题

27. 当输入的 a 数组为{{2,1,1}, {1,1,0}, {0,1,1}}时，程序的输出为 4。（ ）

28. bfs 函数的时间复杂度为 $O(nm)$。（ ）

29. 由代码可知，格子中的一个 2 可以把八个方向上的 1 都变为 2。（ ）

■ 选择题

30. 当输入的 a 数组为{{2,1,1}, {0,1,1}, {1,0,1}}时，程序的输出为（ ）。

A. -1　　B. 2　　C. 3　　D. 4

31. （4 分）如果删掉 bfs 函数中与 vis 数组相关的内容，不可能发生的结果是（　　）。

A. 不影响结果，答案依然正确

B. 某个格子会重复进入队列，但答案依然正确

C. 某个格子会重复进入队列，将得到不正确的答案

D. 无法控制格子的入队次数，内存超限

32. 当输入的 a 数组为{{0,2}}时，程序的输出为（　　）。

A. 0　　B. 1　　C. -1　　D. 发生运行时错误

三、完善程序（单选题，每小题 3 分，共计 30 分）

（1）题目描述：

给定一个长度小于或等于 10^6 的只包含小写英文字母的字符串 s，输出有多少个子串满足以 heavy 开头并且以 metal 结尾。

```
01 #include <bits/stdc++.h>
02 using namespace std;
03
04 int main() {
05     string s;
06     cin >> s;
07     long long cnt = ①, ans = 0;
08     for(int i = 4; ②; i++) {
09         auto cur = ③;
10         if(④)
11             cnt++;
12         else if(cur == "metal")
13             ⑤;
14     }
15     cout << ans << endl;
16     return 0;
17 }
```

33. ①处应填（　　）。

A. 0　　B. 1E9　　C. -1E9　　D. -2E9

34. ②处应填（　　）。

A. `i < s.length()`　　B. `i <= s.length()`

C. `i < s.length() - 1`　　D. `i >= s.length()`

35. ③处应填（　　）。

A. `s.substr(i, 5)`　　B. `s.substr(i - 5, 5)`

C. `s.substr(i - 4, 5)`　　D. `s.substr(i - 5)`

36. ④处应填（　　）。

A. `cur == heavy`　　B. `cur == "heavy"`

C. `cur != heavy`　　D. `cur != "heavy"`

37. ⑤处应填（　　）。

A. `ans++`　　B. `ans += cnt`　　C. `cnt += ans`　　D. `cnt++`

（2）题目描述：

输入 l 和 r（$1 \leq l \leq r \leq 10^{18}$）。如果整数 x 的首位数字等于末位数字，那么称 x 是合法数字。例如 101,477474,9 是合法数字，而 47,253,1020 不是合法数字。输出[l,r]中有多少个合法数字？

（提示：考虑最低位和最高位之间的关系。）

```
01 #include <bits/stdc++.h>
02 using namespace std;
03 long long l,r;
04 long long fir(long long g) {
05     while(g>=10) ①;
06     return g;
07 }
08 long long fin(long long g) {
09     return g%10;
10 }
11 long long solve(long long n) {
12     if(n<=9)return n;
13     else {
14         long long base=(②);
15         long long first=fir(n);
16         bool flag=(③);
```

```
17          return ④;
18      }
19  }
20  int main() {
21      cin>>l>>r;
22      cout<<⑤<<endl;
23      return 0;
24  }
```

38. ①处应填（　　）。

A. `g /= 10`　B. `g -= 10`　C. `g %= 10`　D. `g ^= 10`

39. ②处应填（　　）。

A. `n % 10 + 9`　B. `n % 10`　C. `n / 10`　D. `n / 10 + 9`

40. ③处应填（　　）。

A. `fir(n)<fin(n)`　B. `fir(n)<=fin(n)`

C. `fir(n)>fin(n)`　D. `fir(n)>=fin(n)`

41. ④处应填（　　）。

A. `base + flag`　B. `base`

C. `flag`　D. `base - flag`

42. ⑤处应填（　　）。

A. `solve(r)`　B. `solve(l)`

C. `solve(r)-solve(l-1)`　D. `solve(r)-solve(l)`

普及组 CSP-J 2025 初赛模拟卷 4

一、单项选择题（共 15 题，每题 2 分，共计 30 分；每题有且仅有一个正确选项）

1. 正整数 2025 与 1800 的最大公约数是（　　）。

   A. 15　　B. 25　　C. 45　　D. 225

2. 表达式(('0' == 0) + 's' + 5 + 2.0)的结果类型为（　　）。

   A. double　　B. int　　C. char　　D. bool

3. 对一个 int 类型的值，执行以下哪个操作后，一定会变回原来的值？（　　）

   A. 左移 5 位，再右移 5 位　　B. 右移 5 位，再左移 5 位

   C. 按位或 15，再按位与 15　　D. 按位异或 15，再按位异或 15

4. 在数组 H[x]中，若存在(i<j) && (H[i]>H[j])，则称(H[i],H[j])为数组 H[x]的一个逆序对。对于序列 27, 4, 1, 59, 3, 26, 38, 15，在不改变顺序的情况下，去掉（　　）会使逆序对的个数减少 4。

   A. 1　　B. 3　　C. 26　　D. 15

5. 如果字符串 s 在字符串 str 中出现，则称字符串 s 为字符串 str 的子串。设字符串 str = "oiers"，则 str 的非空子串的数目是（　　）。

   A. 17　　B. 16　　C. 15　　D. 14

6. 以下哪种排序算法的平均时间复杂度最好？（　　）

   A. 插入排序　　B. 归并排序　　C. 选择排序　　D. 冒泡排序

7. 如果 x 和 y 均为 int 类型的变量，且 y 的值不为 0，那么能正确判断“x 是 y 的 2 倍”的表达式是（　　）。

   A. (x >> 2 == y)　　B. (x - 2*y) % 2 != 0

   C. (x / y == 2)　　D. (x == 2 * y)

8. 表达式 a*(b+c)-d 的后缀表达式为（　　）。

   A. abcd*+-　　B. abc+*d-　　C. abc*+d-　　D. -+*abcd

9. 关于计算机网络，下列说法中正确的是（　　）。

A. SMTP 和 POP3 都是电子邮件发送协议

B. IPv6 地址是从 IPv4、IPv5 一路升级过来的

C. 计算机网络是一个在协议控制下的多机互连系统

D. 192.168.0.1 是 A 类地址

10. 下列哪种语言不是面向对象的语言？（　　）

A. Java　　B. C++　　C. Python　　D. Fortran

11. 信息学奥赛的所有课程和课程间的先修关系构成一个有向图 G，我们用有向边<A, B>表示课程 A 是课程 B 的先修课，则要找到某门课程 C 的全部先修课，下面哪种方法不可行？（　　）

A. BFS　　B. DFS　　C. 枚举　　D. BFS+DFS

12. 一个字长为 8 位的整数的补码为 11111001，则它的原码是（　　）。

A. 00000111　　B. 10000110　　C. 10000111　　D. 11111001

13. 元素 A、B、C、D、E、F 入栈的顺序为 A, B, C, D, E, F，如果第一个出栈的是 C，则最后一个出栈的不可能是（　　）。

A. A　　B. B　　C. D　　D. F

14. 一个三位数等于它的各位数字的阶乘之和，则此三位数的各位数字之和为（　　）。

A. 9　　B. 10　　C. 11　　D. 多于一种情况

15. 在一个非连通无向图 G 中有 36 条边，则该图至少有（　　）个顶点。

A. 8　　B. 9　　C. 10　　D. 7

二、阅读程序（程序输入不超过数组或字符串定义的范围；判断题正确填√，错误填×；除特殊说明外，判断题每题 1.5 分，选择题每题 3 分，共计 40 分）

（1）

```
01 #include <bits/stdc++.h>
02 using namespace std;
03
```

```
04 using i64 = long long;
05
06 const i64 k = 3;
07 const i64 mod = 8;
08
09 i64 toint(string s)
10 {
11     sort(s.begin(), s.end());
12     i64 ans = 0;
13     for(int i = 0; i < s.length(); i++)
14         ans = (ans * k + (s[i] - 'a' + 1)) % mod;
15     return ans;
16 }
17
18 vector<vector<string>> solve(vector<string>& strs)
19 {
20     map<i64, vector<string>> mp;
21     for(auto s: strs)
22         mp[toint(s)].push_back(s);
23     vector<vector<string>> ans;
24     for(auto v: mp)
25         ans.push_back(v.second);
26     return ans;
27 }
28
29 int main()
30 {
31     int n;
32     cin >> n;
33     vector<string> vec(n);
34     for(int i = 0; i < n; i++)
35         cin >> vec[i];
36     auto ans = solve(vec);
37     for(auto v: ans)
38         for(int i = 0; i < v.size(); i++)
39             cout << v[i] << " \n"[i == v.size() - 1];
40     return 0;
41 }
```

假设 $1 \leqslant n \leqslant 10^3$，$1 \leqslant$ vec[i].length() $\leqslant 10^3$，回答下面的问题。

■ 判断题

16. 若程序输入 6 eat tea tan ate nat bat，则程序输出 bat（换行）eat tea ate（换行）tan nat（换行）。（ ）

17. 对于这段代码，toint("aaf") != toint("atmoa")。（ ）

18. 若将头文件<bits/stdc++.h>换为<iostream>，程序依然可以正常运行。（ ）

■ 选择题

19. 若输入 4 aad zpf zpz yyl，则输出是什么？（ ）

A. aad （换行） zpf （换行） zpz （换行） yyl （换行）

B. aad zpf （换行） zpz yyl （换行）

C. aad zpf zpz （换行） yyl （换行）

D. aad zpf zpz yyl （换行）

20. 这个程序的时间复杂度是多少？（ ）

A. $O(n)$　　B. $O(n^2)$　　C. $O(n\log n)$　　D. $O(n^2\log n)$

（2）

```
01 #include <bits/stdc++.h>
02 using namespace std;
03
04 int calc(vector<vector<int>> &grid)
05 {
06     int n = grid.size(), m = grid[0].size();
07     vector<int> dp(m);
08     dp[0] = (grid[0][0] == 0);
09     for(int i = 0; i < n; i++)
10         for(int j = 0; j < m; j++)
11         {
12             if(grid[i][j] == 1)
13             {
14                 dp[j] = 0;
15                 continue;
16             }
17             if(j - 1 >= 0 && grid[i][j - 1] == 0)
18                 dp[j] += dp[j - 1];
19         }
20     return dp[m - 1];
```

```
21 }
22
23 int main()
24 {
25     int n, m;
26     cin >> n >> m;
27     vector<vector<int>> a(n, vector<int>(m));
28     for(int i = 0; i < n; i++)
29         for(int j = 0; j < m; j++)
30             cin >> a[i][j];
31     cout << calc(a) << endl;
32     return 0;
33 }
```

■ **判断题**

21. 若输入3 3 0 0 0 0 1 0 0 0 0，则输出为2。（　　）

22. 若f[i][j]表示从(0,0)走到(i,j)的路径数,则在第10~19行的循环中,f[i][j]=dp[j]。（　　）

23. （2分）若将第27行的代码改为vector<vector<int>> a(n+1, vector<int>(m+1))，则当输入的n=3，m=3时，calc函数中的n=3，m=3。（　　）

■ **选择题**

24. 当输入的a数组为{{0,0,1},{1,1,0},{0,1,0},{1,0,1},{0,0,0}}时，程序的输出为（　　）。

A. 0　　B. 1　　C. 2　　D. 3

25. 若删除第12~16行的代码,则当输入的a数组为{{0,0,0},{0,1,0},{0,0,0}}时,程序的输出为（　　）。

A. 1　　B. 2　　C. 3　　D. 4

26. （4分）当输入的a数组为{{0,0,2},{0,1,2},{5,3,4}}时,程序的输出为（　　）。

A. 0　　B. 1　　C. 2　　D. 3

（3）

```
01 #include <bits/stdc++.h>
02 using namespace std;
```

```
03
04 using i64 = long long;
05
06 int cmp(string v1, string v2)
07 {
08     using i64 = long long;
09     int i = 0, j = 0;
10     while(i < v1.length() || j < v2.length())
11     {
12         i64 num1 = 0, num2 = 0;
13         while(i < v1.length() && v1[i] != '.')
14             num1 = num1 * 10 + (v1[i++] - '0');
15         while(j < v2.length() && v2[j] != '.')
16             num2 = num2 * 10 + (v2[j++] - '0');
17         if(num1 > num2)
18             return 1;
19         else if(num1 < num2)
20             return -1;
21         i++, j++;
22     }
23     return 0;
24 }
25
26 int main()
27 {
28     int n;
29     cin >> n;
30     vector<string> s(n);
31     for(int i = 0; i < n; i++)
32     {
33         cin >> s[i];
34         if(s[i][0] == '.')
35         {
36             cout << "err" << endl;
37             return 0;
38         }
39     }
40     for(int i = 0; i < n; i++)
41         for(int j = 0; j < n; j++)
42             cout << cmp(s[i], s[j]) << " \n"[j == n - 1];
```

```
43     return 0;
44 }
```

假设 f[i][j] = cmp(s[i], s[j])，完成下面的问题。

■ 判断题

27. 任取 0 <= i < n，都有 f[i][i] = 0。（　　）

28. 若输入 3 1.0.1 2.1 1.1.0，则 f[0][1] = 1。（　　）

29. 任取 0 <= i, j < n，都有 f[i][j] + f[j][i] = 0。（　　）

■ 选择题

30. 当输入的 s 数组为{"1.2.3", "4.5", ".2"}时，程序输出中第一行第二个数为（　　）。

A. -1　　B. 0　　C. 1　　D. 不存在

31. （4分）若删除第34~38行代码，则当输入的s数组为{"1.2.3","4.5",".2"}时，f[0][2]的值为（　　）。

A. -1　　B. 0　　C. 1　　D. 未计算

32. 阅读代码可知，当两个点之间的数为（　　）时，cmp 函数将无法得到正确的结果。

A. 1*10^9　　B. 2*10^9　　C. 4*10^18　　D. -1

三、完善程序（单选题，每小题3分，共计30分）

（1）题目描述：

输入 n（$3 \le n \le 2\times10^5$）和长为 n 的数组 a（$1 \le a[i] \le 1\times10^9$）。你需要从 a 中恰好删除一个数，得到长为 n-1 的数组 a'。然后生成一个长为 n-2 的数组 b，其中 b[i]=GCD(a'[i],a'[i+1])。你需要让数组 b 是非降序列，即 b[i]≤b[i+1]。能否做到？输出 YES 或 NO。

（提示：枚举 i，考察删除 a[i]后对 b 数组产生的影响。）

```
01 #include <bits/stdc++.h>
02 using namespace std;
03
04 int gcd(int x, int y)
```

```
05 {
06     return !y ? x : gcd(y, x % y);
07 }
08
09 void solve()
10 {
11     int n;
12     cin >> n;
13     vector<int> a(n + 1), b(n + 2);
14     for(int i = 1; i <= n; i++)
15         cin >> a[i];
16     b[n] = b[n + 1] = ①;
17     for(int i = 1; i < n; i++)
18         b[i] = gcd(a[i], a[i + 1]);
19     vector<int> pre(n + 1), suf(n + 2);
20     pre[0] = 1;
21     for(int i = 1; i <= n; i++)
22         pre[i] = pre[i - 1] && (②);
23     suf[n + 1] = 1;
24     for(int i = n; i >= 1; i--)
25         suf[i] = suf[i + 1] && (b[i] <= b[i + 1]);
26     bool flag = ③;
27     for(int i = 2; i < n; i++)
28     {
29         int cur = ④;
30         if(⑤ && b[i - 2] <= cur && cur <= b[i + 1])
31             flag = true;
32     }
33     cout << (flag ? "YES\n" : "NO\n");
34     return;
35 }
36
37 int main()
38 {
39     int t = 1;
40     // cin >> t;
41     while(t--)
42         solve();
43 }
```

33. ①处应填（　　）。

A. 0　　B. 3E9　　C. -1E9　　D. 2E9

34. ②处应填（　　）。

A. b[i]>=b[i-1]　　B. b[i]<=b[i-1]

C. b[i]>b[i-1]　　D. b[i]<b[i-1]

35. ③处应填（　　）。

A. pre[n-2] & suf[2]　　B. pre[n-2] | suf[2]

C. pre[n-2] ^ suf[2]　　D. pre[n-2] - suf[2]

36. ④处应填（　　）。

A. gcd(a[i], b[i])　　B. gcd(a[i], a[i+1])

C. gcd(a[i-1], a[i+1])　　D. gcd(a[i-1], a[i])

37. ⑤处应填（　　）。

A. pre[i-2] && suf[i+1]　　B. pre[i-1] && suf[i+1]

C. pre[i-2] || suf[i+1]　　D. pre[i-1] || suf[i+1]

（2）题目描述：

输入 n（$1 \leqslant n \leqslant 2 \times 10^5$）和长为 n 的数组 a（$1 \leqslant a[i] \leqslant 1 \times 10^6$）。

对于数组 B，如果满足 B[0] + 1 = len(B)，那么称数组 B 为“块”。对于数组 A，如果可以将其划分成若干个“块”，那么称数组 A 是合法的。

例如 A=[3, 3, 4, 5, 2, 6, 1]是合法的，因为 A = [3, 3, 4, 5] + [2, 6, 1]，这两段都是块。

把数组 a 变成合法数组，至少要删除多少个元素？

（提示：令 dp[i]表示将 a[i]到 a[n]变成合法数组最少要删除的元素个数。）

```
01 #include <bits/stdc++.h>
02 using namespace std;
03
04 const int inf = 0x3f3f3f3f;
05
06 int main()
07 {
```

```
08      int n;
09      cin >> n;
10      vector<int> a(n + 1), dp(①, inf);
11      for(int i = 1; i <= n; i++)
12          cin >> a[i];
13      dp[n + 1] = ②;
14      for(int i = n; i >= 1; i--)
15      {
16          dp[i] = ③;
17          if(i + a[i] + 1 <= n + 1)
18              dp[i] = min(dp[i], ④);
19      }
20      cout << ⑤ << endl;
21      return 0;
22 }
```

38. ①处应填（　　）。

A. n-1　　B. n　　C. n+1　　D. n+2

39. ②处应填（　　）。

A. 0　　B. 1　　C. -1　　D. inf

40. ③处应填（　　）。

A. dp[i+1]　　B. dp[i-1]　　C. dp[i+1]+1　　D. dp[i-1]+1

41. ④处应填（　　）。

A. dp[i+a[i]+1]　　B. dp[i+a[i]]

C. dp[a[i]+1]　　D. dp[i+a[i]-1]

42. ⑤处应填（　　）。

A. dp[n]　　B. dp[1]　　C. dp[n-1]　　D. dp[0]

普及组 CSP-J 2025 初赛模拟卷 5

一、单项选择题（共 15 题，每题 2 分，共计 30 分；每题有且仅有一个正确选项）

1. 十进制数 2025 的十六进制表示是（　　）。

A. 07D9　　B. 07E9　　C. 07F9　　D. 07F1

2. 以下关于计算机竞赛 IOI 的描述正确的是（　　）。

A. IOI 非英语国家参赛选手可以在比赛中携带电子词典

B. IOI 参赛选手可携带已关机的手机放在自己座位后面的包里

C. IOI 参赛选手在比赛时间内去厕所的时候可携带手机

D. IOI 全称是国际信息学奥林匹克竞赛

3. 以下不能用 ASCII 码表示的字符是（　　）。

A. @　　B. ①　　C. ^　　D. ~

4. 设变量 s 为 double 型且已赋值，下列哪条语句能将 s 中的数值保留到小数点后一位，并将第二位四舍五入？（　　）

A. `s = (x * 10 + 0.5) / 10.0`　　B. `s = s * 10 + 0.5 / 10.0`

C. `s = (s / 10 + 0.5) * 10.0`　　D. `s = (int)(s * 10 + 0.5) / 10.0`

5. 以下不属于 STL 链表中的函数的是（　　）。

A. sort　　B. empty　　C. push_back　　D. resize

6. 小明写了一个程序，在这里用到的数据结构是（　　）。

```
#include <iostream>
using namespace std;
int k;
int f(int a)
{
    if(a-k > 0 && (a-k) % 2 == 0)
        return f((a+k)/2) + f((a-k)/2);
```

```
    else
        return 1;
}
int main()
{
    int n;
    cin >> n >> k;
    if((n+k) & 1)
    {
        cout << 1 << endl;
        return 0;
    }
    cout << f(n);
    return 0;
}
```

A. 树　　B. 栈　　C. 链表　　D. 队列

7. 小明想求 n 个不同正整数的全排列，他设计的程序采用 DFS 方法的时间复杂度是（　　）。

A. $O(\log n)$　　B. $O(n!)$　　C. $O(n^2)$　　D. $O(n\log n)$

8. 在下列排序算法中，（　　）是不稳定的排序算法。

A. 归并排序　　B. 插入排序　　C. 选择排序　　D. 冒泡排序

9. 一台 32 位操作系统的计算机运行 C++，下列说法中错误的是（　　）。

A. `double` 类型的变量占用 8 字节内存空间

B. `bool` 类型的变量占用 1 字节内存空间

C. `long long` 类型变量的取值范围比 `int` 类型变量的大一倍

D. `char` 类型的变量也可以作为循环变量

10. 若整型变量 `n` 的值为 `25`，则表达式 `n&(n+1>>1)`的值是（　　）。

A. 25　　B. 26　　C. 9　　D. 16

11. 一群学生参加学科夏令营，每名同学至少参加一个学科的考试。已知有 100 名学生参加了数学考试，50 名学生参加了物理考试，48 名学生参加了化学考试，学生总数是参加至少两门考试学生的两倍，也是参加三门考试学生数的三倍，则学生总数为（　　）。

A. 90　　B. 96　　C. 108　　D. 120

12. 以下不是 C++中的循环语句的是（　　）。

A. while　　B. do...while　　C. for　　D. switch...case

13. 二叉树 T，已知其后序遍历序列为 4 2 7 5 6 3 1，中序遍历序列为 4 2 1 5 7 3 6，则其前序遍历序列为（　　）。

A. 1 2 5 7 6 3 4　　B. 1 2 4 3 5 7 6

C. 1 4 2 7 5 3 6　　D. 1 4 7 2 3 5 6

14. 一个六位数是完全平方数，且最后三位数字都是 4，这样的六位数有（　　）个。

A. 2　　B. 3　　C. 4　　D. 5

15. 用三种颜色给 1×4 的长方形方格区域涂色，在每种颜色至少用 1 次的前提下，相邻方格不涂同一种颜色的概率为（　　）。

A. 1/3　　B. 2/3　　C. 1/2　　D. 4/9

二、阅读程序（程序输入不超过数组或字符串定义的范围；判断题正确填√，错误填×；除特殊说明外，判断题每题 1.5 分，选择题每题 3 分，共计 40 分）

（1）

```
01 #include <bits/stdc++.h>
02 using namespace std;
03
04 int solve(vector<int> &nums)
05 {
06     map<int, int> cnt;
07     int tot = 0;
08     for(auto v: nums)
09     {
10         cnt[v]++;
11         tot += v;
12     }
13     int ans = -1E5;
```

```
14     for(auto v: nums)
15     {
16         cnt[v]--;
17         if((tot - v) % 2 == 0 && cnt[(tot - v) / 2] > 0)
18             ans = max(ans, v);
19         cnt[v]++;
20     }
21     return ans;
22 }
23
24 int main()
25 {
26     int n;
27     cin >> n;
28     vector<int> a(n);
29     for(int i = 0; i < n; i++)
30         cin >> a[i];
31     cout << solve(a) << endl;
32     return 0;
33 }
```

■ **判断题**

16. 若程序输入 5 -2 -1 -3 -6 4，则程序输出 4。（ ）

17. 对于第 17 行的代码，如果不判断(tot - v) % 2== 0，则程序依然可以得到正确的结果。（ ）

18. 若将头文件<bits/stdc++.h>换为<iostream>，程序依然可以正常运行。（ ）

■ **选择题**

19. 若输入 8 6 -31 50 -35 41 37 -42 13，则输出是（ ）。

A. 13 B. -35 C. -31 D. -100000

20. 如果去除第 19 行的代码，对于输入 4 2 3 5 10，输出是（ ）。

A. 2 B. 5 C. 10 D. -100000

（2）

```
01 #include <bits/stdc++.h>
02 using namespace std;
03
```

```
04 const int inf = 0x3f3f3f3f;
05
06 int solve(vector<string> &words, string target)
07 {
08     const int n = target.length();
09     set<string> s;
10     for(auto v: words)
11         for(int i = 1; i <= v.length(); i++)
12             s.insert(v.substr(0, i));
13     vector<int> dp(n + 1, inf);
14     dp[0] = 0;
15     for(int i = 0; i < n; i++)
16         for(int j = 0; j <= i; j++)
17             if(s.find(target.substr(j, i - j + 1)) != s.end())
18                 dp[i + 1] = min(dp[i + 1], dp[j] + 1);
19     return dp[n] != inf ? dp[n] : -1;
20 }
21
22 int main()
23 {
24     int n;
25     cin >> n;
26     vector<string> a(n);
27     for(int i = 0; i < n; i++)
28         cin >> a[i];
29     string t;
30     cin >> t;
31     cout << solve(a, t) << endl;
32     return 0;
33 }
```

假设第17行的find函数的时间复杂度为$O(\log n)$，substr函数的时间复杂度视为$O(1)$，完成下面的问题。

■ 判断题

21. 若输入3 abc aaaaa bcdef aabcdabc，则输出为2。 （ ）
22. 若将第18行中的dp[i + 1]改为dp[i]，则可能出现编译错误。 （ ）
23. （2分）该程序的输出一定小于或等于输入的n。 （ ）

■ **选择题**

24. 当输入的 a 数组为{"abababab","ab"}, t="ababaababa"时，程序的输出为（　　）。

A. 0　　B. 1　　C. 2　　D. 3

25. 若删除第 17 行的代码，则当输入的 a 数组为{"abababab","ab"}, t="ababa"时，程序的输出为（　　）。

A. 1　　B. 2　　C. 3　　D. 4

26. （4 分）这段代码的时间复杂度为（　　）。

A. $O(n)$　　B. $O(n\log n)$　　C. $O(n^2)$　　D. $O(n^2\log n)$

(3)

```
01 #include <bits/stdc++.h>
02 using namespace std;
03
04 int calc(int n, int presses)
05 {
06     set<int> seen;
07     for (int i = 0; i < (1 << 4); i++)
08     {
09         vector<int> pressArr(4);
10         for (int j = 0; j < 4; j++)
11             pressArr[j] = (i >> j) & 1;
12         int sum = 0;
13         for(int j = 0; j < 4; j++)
14             sum += pressArr[j];
15         if (sum % 2 == presses % 2 && sum <= presses)
16         {
17             int status = pressArr[0] ^ pressArr[2] ^ pressArr[3];
18             if (n >= 2)
19                 status |= (pressArr[0] ^ pressArr[1]) << 1;
20             if (n >= 3)
21                 status |= (pressArr[0] ^ pressArr[2]) << 2;
22             if (n >= 4)
23                 status |= (pressArr[0] ^ pressArr[1] ^ pressArr[3]) <<
                       3;
24             seen.insert(status);
25         }
```

```
26     }
27     return seen.size();
28 }
29 
30 int main()
31 {
32     int n, presses;
33     cin >> n >> presses;
34     cout << calc(n, presses) << endl;
35     return 0;
36 }
```

假设 1≤n,presses≤4，回答下面的问题。

■ 判断题

27. 若输入为 2 1，则程序的输出为 3。（　）

28. 对于第 7 行代码，变量 i 的上界为 16。（　）

29. 对于任意的输入，程序的输出不会大于 8。（　）

■ 选择题

30. 当输入为 n=3,presses=2 时，程序的输出为（　）。

A. 5　B. 6　C. 7　D. 8

31.（4分）若删除第 18~19 行的代码，当输入为 n=3,presses=2 时，程序的输出为（　）。

A. 1　B. 2　C. 3　D. 4

32. 上述代码的时间复杂度为（　）。

A. $O(1)$　B. $O(\log n)$　C. $O(n)$　D. $O(n\log n)$

三、完善程序（单选题，每小题3分，共计30分）

（1）题目描述：

输入 n（$1 \le n \le 2\times10^5$）和长为 n 的数组 a(1≤a[i]≤n)。

你可以多次执行如下操作：选择两个下标 i 和 j，满足 a[i]=a[j]。删除下标[i,j]中的元素。删除后，数组长度减小 i-j+1。

输出你最多可以删多少个数。

```
01 #include <bits/stdc++.h>
02 using namespace std;
03
04 const int inf = 0x3f3f3f3f;
05
06 void solve()
07 {
08   int n;
09   cin >> n;
10   vector<int> a(n + 1);
11   for(int i = 1; i <= n; i++)
12      cin >> a[i];
13   vector<int> dp(n + 1), ①;
14   for(int i = 1; i <= n; i++)
15   {
16      dp[i] = max(dp[i], ②);
17      dp[i] = max(dp[i], ③);
18      lst[a[i]] = max(lst[a[i]], ④);
19   }
20   cout << ⑤ << endl;
21   return;
22 }
23
24 int main()
25 {
26   int t = 1;
27   cin >> t;
28   while(t--)
29      solve();
30   return 0;
31 }
```

33. ①处应填（ ）。

A. lst(n+1)　　B. lst(n+1,0)

C. lst(n+1,inf)　　D. lst(n+1,-inf)

34. ②处应填（ ）。

A. dp[i - 1]　　B. dp[i]-1　　C. dp[i+1]　　D. dp[i]+1

35. ③处应填（　　）。

A. lst[a[i]]　　B. lst[a[i]]+i+1

C. lst[a[i]]+i　　D. lst[i]+i

36. ④处应填（　　）。

A. dp[i-1]-i　　B. dp[i-1]+i　　C. dp[i+1]-i　　D. dp[i+1]+i

37. ⑤处应填（　　）。

A. dp[1]　　B. dp[0]　　C. dp[n - 1]　　D. dp[n]

（2）题目描述：

输入 n（$1 \leq n \leq 1 \times 10^5$）和长为 n 的数组 a($0 \leq a[i] < 2^{20}$)。

输出最小的正整数 k，使得 a 的所有长为 k 的连续子数组的 OR 都相同。注意答案是一定存在的，因为 k=n 一定满足要求。

```
01 #include <bits/stdc++.h>
02 using namespace std;
03 void solve()
04 {
05    int n;
06    cin >> n;
07    vector<int> a(n + 1);
08    for(int i = 1; i <= n; i++)
09       cin >> a[i];
10    int ans = 0;
11    for(int i = 0; ①; i++)
12    {
13       int cnt = 0, lst = 0;
14       for(int j = 1; j <= n; j++)
15       {
16          if(②)
17             cnt++;
18          else
19             lst = ③, cnt = 0;
20       }
21       lst = max(lst, cnt);
22       if(④)
23          continue;
```

```
24        ans = max(ans, lst + 1);
25    }
26    cout << ⑤ << endl;
27 }
28
29 int main()
30 {
31    int t = 1;
32    cin >> t;
33    while(t--)
34        solve();
35    return 0;
36 }
```

38. ①处应填（　　）。

A. `i < 20`　B. `i <= 20`　C. `i > 20`　D. `i != 20`

39. ②处应填（　　）。

A. `!(a[i] & (1 << j))`　B. `a[i] & (1 << j)`

C. `a[j] & (1 << i)`　D. `!(a[j] & (1 << i))`

40. ③处应填（　　）。

A. `min(lst, cnt)`　B. `max(lst, cnt)`

C. `cnt`　D. `lst + cnt`

41. ④处应填（　　）。

A. `lst < n`　B. `lst != n`　C. `lst == n`　D. `lst > n`

42. ⑤处应填（　　）。

A. `ans`　B. `min(ans, n)`

C. `min((ans==0?1:ans), n)`　D. `(ans==0?1:ans)`

普及组 CSP-J 2025 初赛模拟卷 6

一、单项选择题（共 15 题，每题 2 分，共计 30 分；每题有且仅有一个正确选项）

1. 深度优先搜索时，控制与记录搜索过程的数据结构是（　　）。

   A. 队列　　B. 栈　　C. 链表　　D. 哈希表

2. 计算机的中央处理器的组成部件是（　　）。

   A. 控制器和存储器　　B. 运算器和存储器

   C. 控制器、存储器和运算器　　D. 运算器和控制器

3. 一个正整数在十六进制下有 200 位，则它在二进制下最多可能有（　　）位。

   A. 801　　B. 798　　C. 799　　D. 800

4. 一个由 2025 个元素组成的数组已经从小到大排好序，采用二分查找，最多需要（　　）次能够判断是否存在所查找的元素。

   A. 2025　　B. 12　　C. 11　　D. 10

5. 无向完全图 G 有 10 个顶点，它有（　　）条边。

   A. 45　　B. 90　　C. 72　　D. 36

6. 在 8 位二进制补码中，10110110 表示的是十进制下的（　　）。

   A. −202　　B. −74　　C. 202　　D. 74

7. 某市有 2025 名学生参加编程竞赛选拔，试卷中有 20 道选择题，每题答对得 5 分，答错或者不答得 0 分，那么至少有（　　）名同学得分相同。

   A. 99　　B. 98　　C. 97　　D. 96

8. 以下哪个操作运算符优先级最高？（　　）

   A. &&　　B. ||　　C. >>　　D. ++

9. 如果根结点的深度是 1，则一棵恰好有 2025 个叶子结点的二叉树的深度不可能是（　　）。

A. 11　　B. 12　　C. 13　　D. 2025

10. 现代通用计算机之所以可以表示比较大或者比较小的浮点数，是因为使用了（　　）。

A. 原码　　B. 补码　　C. 反码　　D. 阶码

11. 在 C++语言中，一个数组定义为 `int a[6] = {1, 2, 3, 4, 5, 6};`，一个指针定义为 `int * p = &a[3];`，则执行 `a[2] = *p;`后，数组 a 中的值会变为（　　）。

A. {1, 2, 4, 4, 5, 6}　　B. {2, 2, 3, 4, 5, 6}

C. {1, 2, 2, 4, 5, 6}　　D. {1, 2, 3, 4, 5, 6}

12. 下面的 C++代码执行后的输出是（　　）。

```
#include <bits/stdc++.h>
using namespace std;
int print(int x)
{
    cout << x << "$";
    if(1==x || 2==x)
        return x;
    else
        return print(x-1) + print(x-2);
}
int main()
{
    cout<< print(4)<< endl;
    return 0;
}
```

A. 4\$3\$2\$2\$4　　B. 4\$3\$2\$2\$1\$5　　C. 4\$3\$2\$1\$2\$4　　D. 4\$3\$2\$1\$2\$5

13. 小明往一个图书馆送书，第 1 天送 1 本，第 2 天送 2 本，第 3 天送 3 本……第 n 天送 n 本，他准备累计送到图书馆的书的总数能整除 106 就停止，那么小明应连续送（　　）天。

A. 50　　B. 51　　C. 52　　D. 53

14. 7 + 77 + 777 + ⋯ + 77...77（共 2025 个连续的 7）的和的末 2 位数是（　　）。

A. 45　　B. 55　　C. 65　　D. 75

15. 在无重复数字的五位数 a1a2a3a4a5 中，若 a1<a2，a2>a3，a3<a4，a4>a5，则称该五位数为波形数，如 89674 就是一个波形数，由 1、2、3、4、5 组成的没有重复数字的五位数是波形数的概率是（　　）。

A. 1/5　　B. 1/6　　C. 2/15　　D. 1/3

二、阅读程序（程序输入不超过数组或字符串定义的范围；判断题正确填√，错误填×；除特殊说明外，判断题每题 1.5 分，选择题每题 3 分，共计 40 分）

（1）

```
01 #include <bits/stdc++.h>
02 using namespace std;
03 using i64 = long long;
04
05 i64 check(const string &s, int p)
06 {
07     return (p>=1 && ((s[p-1]-'0')*10 + (s[p]-'0'))%4==0)?1ll*p:0ll;
08 }
09
10 int main()
11 {
12
13     string s;
14     cin >> s;
15     i64 ans = 0;
16     for(int i = 0; i < s.length(); i++)
17         ans += ((s[i] - '0') % 4 == 0);
18     for(int i = s.length() - 1; i >= 0; i--)
19         ans += check(s, i);
20     cout << ans << endl;
21     cout << check("114514", 3) << endl;
22     return 0;
23 }
```

假设 1≤s.length()≤3×10^5，回答下面的问题。

■ **判断题**

16. 若程序输入 124，则程序输出 4（换行）0。 (　　)
17. 对于这段代码，check("1234510", 2)的返回值为 2。 (　　)
18. 若将头文件<bits/stdc++.h>换为<cstdio>，程序依然可以正常运行。 (　　)

■ **选择题**

19. 若输入 5810438174，则输出是（　　）。

A. 7（换行）0　　B. 8（换行）0

C. 9（换行）0　　D. 10（换行）0

20. 下面哪个选项是正确的？（　　）

A. 把 check 函数中的第一个参数 const 去掉也可以正常运行

B. 把 check 函数中的 p >= 1 去掉依然可以得到正确的答案

C. check 函数用来判断由 s[p-1]和 s[p]组成的两位数是否为 4 的倍数

D. 整段程序的时间复杂度为 $O(n\log n)$

（2）

```
01 #include <bits/stdc++.h>
02 using namespace std;
03
04 string calc(string s, string t)
05 {
06     const int n = s.size();
07     if(t.size() > s.size())
08         return "";
09     unordered_map<char, int> mp;
10     int cnt = t.size();
11     for(auto v: t)
12         mp[v]++;
13     string ans;
14     int len = 0x3f3f3f3f;
15     for(int i = 0, j = 0; i < n; i++)
16     {
17         if(mp[s[i]] > 0)
18             cnt--;
19         mp[s[i]]--;
20         if(cnt == 0)
```

```
21         {
22             while(mp[s[j]] < 0)
23                 mp[s[j++]]++;
24             int len = i - j + 1;
25             if(ans.empty() || ans.size() > len)
26                 ans = s.substr(j, len);
27             mp[s[j++]]++;
28             cnt++;
29         }
30     }
31     return ans;
32 }
33 
34 int main()
35 {
36     string s, t;
37     cin >> s >> t;
38     cout << calc(s, t) << endl;
39     return 0;
40 }
```

■ **判断题**

21. 若输入 ADOBECODEBANC ABC，则输出为 BANC。（　　）

22. calc 函数中的变量 j 只会增大，不会减小。（　　）

23. （2 分）若删除第 14 行中的 len 变量，程序将不能正常运行。（　　）

■ **选择题**

24. 当输入为 a aa 时，程序的输出为（　　）。

A. "a"　　B. "aa"　　C. ""　　D. "-1"

25. 若删除第 22 行代码，则当输入为 cabwefgewcwaefgcf cae 时，程序的输出为（　　）。

A. "cwae"　　B. "abwe"　　C. "cabwe"　　D. "fgewc"

26. （4 分）设 n=s.size()，m=t.size()，则这段程序的时间复杂度为（　　）。

A. $O(n)$　　B. $O(m)$　　C. $O(m+n)$　　D. $O((m+n)\log n)$

(3)

```
01 #include <iostream>
02 #include <cstdio>
03 #include <algorithm>
04
05 using namespace std;
06
07 const int N = 1e5 + 10;
08 int n, s, cnt, ans, res;
09 int a[N], b[N];
10
11 bool check(int mid)
12 {
13     for(int i = 1; i <= n; i++)
14         b[i] = a[i] + i * mid;
15     sort(b + 1, b + 1 + n);
16     res = 0;
17     for(int i = 1; i <= mid && res <= s; i++)
18         res += b[i];
19     return res <= s;
20 }
21
22 int main()
23 {
24     scanf("%d%d", &n, &s);
25     for(int i = 1; i <= n; i++)
26         scanf("%d", &a[i]);
27     int l = 0, r = n;
28     while(l <= r)
29     {
30         int mid = (l + r) >> 1;
31         if(check(mid)) cnt = mid, ans = res, l = mid + 1;
32         else r = mid - 1;
33     }
34     printf("%d %d\n", cnt, ans);
35     return 0;
36 }
```

■ 判断题

27. 若输入 4 100 1 2 5 6，则程序的输出为 4 54。 ( )

28. 对于任意的输入，cnt 的一个必定合法的取值为 n。（　　）

29. 这个程序的时间复杂度为 $O(n\log n)$。（　　）

■ 选择题

30. 当输入为 3 11 2 3 5 时，程序的输出为（　　）。

A. 1 11　　B. 2 11　　C. 3 8　　D. 0 0

31. 代码中 check 函数的作用是什么？（　　）

A. 判断当前数组是否有序

B. 检查是否能从数组中选出 mid 个数，使得它们的总和小于或等于 s

C. 判断数组的所有元素是否大于某个值

D. 计算数组元素的平均值

32. （4 分）变量 cnt 和 ans 的作用分别是什么？（　　）

A. cnt 记录满足条件的最大 mid 值，ans 记录对应的总和

B. cnt 记录数组的长度，ans 记录数组中的最大值

C. cnt 表示排序后的最小值索引，ans 记录当前结果的最小值

D. cnt 表示满足条件的元素个数，ans 记录最终的目标值

三、完善程序（单选题，每小题 3 分，共计 30 分）

（1）题目描述：

有 T 组数据，每组数据输入 n（$1 \leqslant n \leqslant 1\times10^4$）和长为 n 的数组 a（$1 \leqslant a[i] \leqslant 1\times10^6$）。

你可以执行如下操作任意次：选择 a[i] 和 a[j]（$i \neq j$），以及 a[i] 的一个因子 x。然后执行 a[i] /= x 和 a[j] *= x。能否使 a 中所有元素都相同？

输出 YES 或 NO。

```
01 #include <bits/stdc++.h>
02 using namespace std;
03 #define maxn 500005
04 int a[maxn];
05 map<int,int>q;
06 void check(int x)
07     for (int i = 2;i <= ①;i ++)
08     {
09         while(x % i == 0)
```

```
10         {
11             q[i] ++;
12             x /= i;
13         }
14     }
15     if(x > 1) ②;
16 }
17 void solve()
18 {
19     int n;
20     cin >> n;
21     ③;
22     for (int i = 1;i <= n;i ++)
23     {
24         scanf("%d",&a[i]);
25         ④;
26     }
27     for (auto i:q)
28     {
29         int k = i.second;
30         if(⑤)
31         {
32             cout << "NO"<<endl;
33             return;
34         }
35     }
36     cout << "YES"<<endl;
37     return;
38 }
39 int main()
40 {
41     int T = 1;
42     cin >> T;
43     while (T --)
44     {
45         solve();
46     }
47     return 0;
48 }
```

33. ①处应填（　　）。

A. `sqrt(x)`　B. `pow(x, 2)`　C. `pow(x, 3)`　D. `log(x)`

34. ②处应填（　　）。

A. `q[x]--`　B. `q[x] /= 2`　C. `q[x]++`　D. `q[x] *= 2`

35. ③处应填（　　）。

A. `q.clear()`　B. `q.erase(q.begin())`

C. `q.swap(a)`　D. `q.erase(q.end())`

36. ④处应填（　　）。

A. `check(q)`　B. `check(a)`

C. `check(a[i])`　D. `check(a[i-1])`

37. ⑤处应填（　　）。

A. `k / n == 0`　B. `k / n != 0`　C. `k % n == 0`　D. `k % n != 0`

（2）题目描述：

输入 n（$1 \leq n \leq 1 \times 10^5$），表示有 n 座激光塔。然后输入 n 行，每行有两个数 p[i]（$0 \leq$ p[i] $\leq 1 \times 10^6$）和 k[i]（$1 \leq$ k[i] $\leq 1 \times 10^6$），分别表示第 i 座激光塔的位置和威力。保证所有激光塔的位置互不相同。

游戏规则：按照 p[i]从大到小依次激活激光塔。当一座激光塔被激活时，它会摧毁它左侧所有满足 p[i]-p[j]≤k[i]的激光塔 j。被摧毁的激光塔无法被激活。

在游戏开始前，你可以在最右边的激光塔的右侧，再添加一座激光塔，位置和威力由你决定。

你希望被摧毁的激光塔的数量尽量少。输出这个最小值。

```
01 #include <bits/stdc++.h>
02 using namespace std;
03 const int N=100000;
04 const int inf=2147483647;
05 struct beacon
06 {
07     int pos;
08     int power;
```

```
09 };
10 int n,ans=inf,dp[N+5];
11 beacon beacons[N+5];
12 bool cmp(beacon a,beacon b)
13 {
14     return ①;
15 }
16 int main()
17 {
18     cin>>n;
19     for(int i=1;i<=n;++i)
20     {
21         cin>>beacons[i].pos>>beacons[i].power;
22     }
23     sort(beacons+1,beacons+n+1,cmp);
24     ②;
25     for(int i=2;i<=n;++i)
26     {
27         beacon find;
28         find.pos=max(0, ③);
29         int destroy=④-(beacons+1);
30         dp[i]=dp[destroy];
31         dp[i]+=(i-destroy-1);
32     }
33     for(int i=1;i<=n;++i)
34     {
35         int destruction=⑤;
36         if(destruction<ans) ans=destruction;
37     }
38     cout<<ans<<endl;
39     return 0;
40 }
```

38. ①处应填（　　）。

A. `a.power < b.power`　　B. `a.pos > b.pos`

C. `a.pos < b.pos`　　D. `a.power > b.power`

39. ②处应填（　　）。

A. `dp[1] = 0`　B. `dp[1] = inf`　C. `dp[1] = 1`　D. `dp[1] = -inf`

40. ③处应填（　　）。

A. `beacons[i].pos`

B. `beacons[i].power`

C. `beacons[i].pos + beacons[i].power`

D. `beacons[i].pos - beacons[i].power`

41. ④处应填（　　）。

A. `lower_bound(beacons+1,beacons+n,find,cmp)`

B. `upper_bound(beacons+1,beacons+n+1,find,cmp)`

C. `lower_bound(beacons+1,beacons+n+1,find,cmp)`

D. `upper_bound(beacons+1,beacons+n,find,cmp)`

42. ⑤处应填（　　）。

A. `n-dp[i]`　　B. `dp[i]-i`　　C. `dp[i]`　　D. `dp[i]+n-i`

普及组 CSP-J 2025 初赛模拟卷 7

一、单项选择题（共 15 题，每题 2 分，共计 30 分；每题有且仅有一个正确选项）

1. 八进制数 2025 用二进制表示是（　　）。
A. 10000000101　B. 10000010101　C. 10000001101　D. 10000100101

2. C++语言的创始人是（　　）。
A. 林纳斯・托瓦茨　B. 丹尼斯・里奇
C. 吉多・范罗苏姆　D. 本贾尼・斯特劳斯特卢普

3. 以下设备中，（　　）不是输出设备。
A. 扫描仪　B. 触摸屏　C. 绘图仪　D. 音箱

4. 当执行以下 C++程序段后输出结果为（　　）。

```
char c1 = '2' + '0';
char c2 = '2' + '5';
cout << c1 << c2 << endl;
```

A. 2025　B. 27　C. bg　D. ch

5. 应用二分算法的思想，在一个有 n 个数的有序序列中查找某个指定的数 m，其程序时间复杂度为（　　）。
A. $O(n\log n)$　B. $O(n)$　C. $O(\log n)$　D. $O(m\log n)$

6. 贝希要参加 CSP-J 比赛，在 CCF 官网注册时需设置登录密码，下列选项中（　　）最安全。
A. 12345678　B. abcd1234　C. 20010911　D. F1@CcfGq6dh

7. 双向链表的优点是（　　）。
A. 查找速度快　B. 插入和删除方便
C. 节省内存　D. 后进先出

8. 小明买了一块 1TB 的固态硬盘，相当于（　　）MB 的存储容量。

A. 2^{10}　　B. 2^{20}　　C. 2^{30}　　D. 2^{40}

9. 下面（　　）没有用到有关人工智能的技术。

A. 智能手机设置的闹钟定时叫我起床

B. 智能手环收集患者的数据并上传至医疗系统云端进行分析

C. 国家围棋队棋手和围棋机器人下围棋

D. 大学校园用人脸识别门禁系统控制人员出入

10. 下列选项中（　　）不是 C++标准库 `string` 类的函数。

A. `substr`　　B. `size`　　C. `replace`　　D. `strcmp`

11. 有一个 2025 位的正整数，它的各位数字按照如下规则排列：123456789123456789123456789…，请问这个数被 9 除的余数是多少？（　　）

A. 3　　B. 2　　C. 0　　D. 1

12. 九宫格数独游戏是一种训练推理能力的数字谜题游戏。九宫格分为九个小宫格，某小九宫格如图所示，小明需要在 9 个小格子中填上 1 至 9 中不重复的整数。小明通过推理已经得到了 4 个小格子中的准确数字，其中，a、b、c、d、e 这 5 个数字未知，且 b 和 d 为奇数，则 a+b>5 的概率为（　　）。

9	a	7
b	c	d
4	e	5

A. 3/5　　B. 1/2　　C. 2/3　　D. 1/3

13. 四位同学进行篮球传球练习，要求每个人接球后再传给别人。开始时甲同学发球，并作为第一次传球，第五次传球后，球又回到甲同学手中，则不同的传球方法有（　　）种。

A. 60　　B. 65　　C. 70　　D. 75

14. 字符串 CCCSSSPPP 共有（　　）种不同的非空子串。

A. 45　　B. 36　　C. 37　　D. 39

15. 向一个栈顶指针为 head 的链式栈中插入一个指针 p 指向的结点时，应执行（　　）。

A. `head->next = p;`

B. `p->next = head; head = p;`

C. `p->next = head->next; head->next = p;`

D. `p->next = head; head = head->next;`

二、阅读程序（程序输入不超过数组或字符串定义的范围；判断题正确填√，错误填×；除特殊说明外，判断题每题 1.5 分，选择题每题 3 分，共计 40 分）

（1）

```
01 #include <bits/stdc++.h>
02 using namespace std;
03 int t, p, a, b, c;
04 int f(int a,int b){
05     if(a % b == 0) return 0;
06     return b - a % b;
07 }
08 void solve(){
09     scanf("%d%d%d%d",&p,&a,&b,&c);
10     printf("%d\n", min(min(f(p,a), f(p,b)), f(p,c)));
11 }
12 int main(){
13     scanf("%d", &t);
14     while(t--) solve();
15     return 0;
16 }
```

■ 判断题

16. 若程序输入

```
1
2 6 10 9
```

则最终输出为 4。（　　）

17. （2 分）若将第 5 行删除，程序的输出结果一定不会改变。（　　）

18. 若将头文件`#include <bits/stdc++.h>`改成`#include <stdio.h>`，程序仍能正常运行。（　　）

■　**选择题**

19. 若程序输入 2 9 5 4 8 10 9 9 9，则输出是（　　）。

A. 1 8　　B. 1 1　　C. 0 8　　D. 0 1

20. （4 分）若将第 10 行的输出内容改为 f(f(f(p, a), b), c)，则输入

```
1
2 6 10 9
```

时，输出是（　　）。

A. 3　　B. 4　　C. 5　　D. 6

（**2**）

```
01 #include <bits/stdc++.h>
02 using namespace std;
03 const int N = 2e5 + 5;
04 int a, b, n, k;
05 char s[N];
06 void solve(int &a, int &b, int k) {
07    while (k--)
08       putchar(a ? --a, '1' : (--b, '0'));
09 }
10 int main() {
11    cin >> a >> b >> k; n = a + b;
12    for (int i = 1; i <= a; ++i) s[i] = '1';
13    for (int i = 1; i <= b; ++i) s[i + a] = '0';
14    while ((s[n - k] == '0' || s[n] == '1') && n > k)
15          --n;
16    if (n <= k + 1 && k) return printf("No\n"), 0;
17    printf("Yes\n");
18    if (!k) return printf("%s\n%s", s + 1, s + 1), 0;
19    a -= 2, b -= 1;
20    int A = a, B = b;
21    printf("11");
22    solve(A, B, k - 1);
23    putchar('0');
24    solve(A, B, a + b - k + 1);
25    A = a, B = b;
26    printf("\n10");
27    solve(A, B, k - 1);
28    putchar('1');
```

```
29     solve(A, B, a + b - k + 1);
30     return 0;
31 }
```

■ **判断题**

21. 去掉第 6 行的两个&，程序的输出一定不改变。（　　）

22. 如果 a=0，k≠0，则必定输出 No。（　　）

23. 当 a+b<k+3 时，必定输出 No。（　　）

24. 若输出 Yes，则输出的两个数在二进制下的差一定有 k 位 1。（　　）

■ **选择题**

25. 若输入为 2 4 3，则输出为（　　）。

A. Yes 101000 100001　　B. Yes 110000 100010

C. Yes 110000 100001　　D. No

26. 若输入为 2 3 4，则输出为（　　）。

A. Yes 10100 10001　　B. Yes 11000 10001

C. Yes 10001 00011　　D. No

（3）

```
01 #include <bits/stdc++.h>
02 using namespace std;
03 const int N = 2e5 + 5;
04 int n, m, ans, pos[2][N];
05 char a[N], b[N];
06 int main() {
07     scanf("%d%d%s%s", &n, &m, a, b);
08     reverse(a, a + n); reverse(b, b + m);
09     for (int i = 0, now = 0; i < n && now < m; ++i)
10         if (a[i] == b[now])
11             pos[0][now++] = i;
12     for (int i = n - 1, now = m - 1; ~i && ~now; --i)
13         if (a[i] == b[now])
14             pos[1][now--] = i;
15     for (int i = 1; i < m; ++i)
16         ans = max(pos[1][i] - pos[0][i - 1], ans);
17     printf("%d", ans);
```

```
18     return 0;
19 }
```

假设 m≤n≤200000，完成下列各题。

■　判断题

27. 若 m 不为 n 的子序列，则输出必定为 0。（　　）

28. 若将第 8 行删除，程序输出结果一定不会改变。（　　）

■　选择题

29. 若输入为 5 3 abaab abb，则输出为（　　）。

A. 1　　B. 2　　C. 3　　D. 4

30. 若 a="ababcdc"，b 的长度为 5，则使答案取到最大值的 b 可能有（　　）个。

A. 3　　B. 4　　C. 6　　D. 7

31. （4 分）当 a 为"1010101"时，b 的长度为 3，b 的每一位上要么是 0，要么是 1。总共有 8 种情况，对应 8 个输出。这 8 个输出的和为（　　）。

A. 18　　B. 24　　C. 30　　D. 36

32. 当 a 为 "1010101" 时，b 的长度为 4，b 的每一位上要么是 0，要么是 1。总共有 16 种情况，对应 16 个输出。这 16 个输出的和为（　　）。

A. 32　　B. 38　　C. 46　　D. 52

三、完善程序（单选题，每小题 3 分，共计 30 分）

（1）题目描述：

给定一个数组{a}表示一排蘑菇的数量。有一个篮子。每次到一个新的 a_i 时，篮子中会增加 a_i 个蘑菇。如果篮子里的蘑菇超过 x 个，则篮子里的蘑菇会清空。询问有多少组[l,r]，使得从 l 采摘到 r，蘑菇数量不为 0。

```
01 #include <bits/stdc++.h>
02 using namespace std;
03 const int N = 2e5 + 5;
04 int n, x, a[N], cnt[N], dp[N];
```

```
05 int main() {
06     cin >> n >> x;
07     for (int i = 1; i <= n; i++)
08             cin >> a[i];
09     int l = 1, r = 0, sum = 0;
10     while(l <= n) {
11         while (①)
12             ②;
13         cnt[l] = r;
14         ③;
15     }
16     sum = 0;
17     for (int i = n; i >= 1; i--) {
18         if (cnt[i] == n + 1) continue;
19             dp[i] = ④;
20         sum += dp[i];
21     }
22     cout << ⑤ << endl;
23     return 0;
24 }
```

33. ①处应填（　　）。

A. `r<=n&&sum<=x`　　B. `l<=n&&sum>x`

C. `sum<=x`　　D. `sum>x`

34. ②处应填（　　）。

A. `sum+=a[++r]`　　B. `sum+=a[r++]`

C. `sum-=a[++l]`　　D. `sum-=a[l++]`

35. ③处应填（　　）。

A. `sum-=a[r--]`　　B. `sum-=a[--r]`

C. `sum-=a[++l]`　　D. `sum-=a[l++]`

36. ④处应填（　　）。

A. `dp[cnt[i]]+1`　　B. `dp[cnt[i]+1]+1`

C. `dp[cnt[i+1]]+1`　　D. `dp[cnt[i+1]+1]+1`

37. ⑤处应填（　　）。

A. dp[1]　　B. n-dp[1]

C. n*(n+1)/2-sum　　D. sum

（2）题目描述：

一个字符串 s（|s|≤5000）由小写字母组成，有 q（q≤1e6）组询问，每组询问给你两个数 l 和 r，问：在字符串区间 l 到 r 的字串中包含多少回文串？

```
01 #include <bits/stdc++.h>
02 using namespace std;
03 const int N = 5005;
04 char s[N];
05 int n, f[N][N], dp[N][N];
06 bool check (int l, int r) {
07     if (①) return f[l][r];
08     if (l >= r) return f[l][r] = 1;
09     if (s[l] ^ s[r]) return f[l][r] = 0;
10     return f[l][r] = ②;
11 }
12 int main() {
13     memset (f, -1, sizeof (f));
14     scanf ("%s", s + 1); n = strlen (s + 1);
15     for (int i = 1; i <= n; ++i) ③ ;
16     for (int l = 2; l <= n; ++l) {
17         for (int i = 1; i <= n - l + 1; ++i) {
18             int j = i + l - 1;
19             dp[i][j] = ④;
20             if (check (i, j)) ⑤;
21         }
22     }
23     int T; scanf ("%d", &T);
24     while (T --) {
25         int x, y; scanf ("%d%d", &x, &y);
26         printf ("%d\n", dp[x][y]);
27     }
28     return 0;
29 }
```

38. ①处应填（　　）。

A. `~f[l][r]`　B. `!f[l][r]`　C. `r > l`　D. `r - l > 1`

39. ②处应填（　　）。

A. `check(l + 1, r - 1)`　B. `check(l + 1, r) + 1`

C. `f[l + 1][r - 1] + 1`　D. `f[l + 1][r] + 1`

40. ③处应填（　　）。

A. `dp[i][i] = 1`

B. `dp[i][i+1] = 1`

C. `dp[i][i+1] = (s[i] == s[i+1]) + 2`

D. `dp[i][i+1] = s[i] == s[i + 1]`

41. ④处应填（　　）。

A. `dp[i+1][j] + dp[i][j-1] + dp[i+1][j-1]`

B. `dp[i+1][j] + dp[i][j-1] - dp[i+1][j-1]`

C. `dp[i+1][j] + dp[i][j-1] + (s[i] == s[j])`

D. `dp[i+1][j] + dp[i][j-1] - (s[i] == s[j])`

42. ⑤处应填（　　）。

A. `dp[i][j]++`

B. `dp[i][j] += dp[i + 1][j - 1]`

C. `dp[i][j]--`

D. `dp[i][j] -= dp[i + 1][j - 1]`

普及组 CSP-J 2025 初赛模拟卷 8

一、单项选择题（共 15 题，每题 2 分，共计 30 分；每题有且仅有一个正确选项）

1. 在计算机的内存储器中，每个存储单元都被赋予一个唯一的序号，称为（　　）。

A. 下标　　B. 地址　　C. 指针　　D. 索引

2. 以下关于算法的描述中正确的是（　　）。

A. 算法一定要用某种计算机语言写成程序才有价值

B. 要想实现算法，必须先画流程图

C. 算法只需要用到数学的计算方法

D. 算法是为解决问题而采取的方法与步骤

3. 一张分辨率为 800×600 的 BMP 图片，若每个像素用 24 位表示，那么这张图片所占用的存储空间是（　　）。

A. 1400KB　　B. 750KB　　C. 600KB　　D. 1000KB

4. 若某算法的计算时间表示为递推关系式：$T(N)=2T(N/2)+2N$，$T(1)=1$，则其时间复杂度为（　　）。

A. $O(\log n)$　　B. $O(n^2\log n)$　　C. $O(n^2)$　　D. $O(n\log n)$

5. 下列哪个特性不是数组和链表都可以实现的？（　　）

A. 数据元素之间的次序关系

B. 数据元素的动态添加和删除

C. 通过索引直接访问任意位置的数据元素

D. 数据可以为任意类型

6. 如果 `a = 2`，那么经过运算 `a = ~-a+2`，最后 a 的值为（　　）。

A. 3　　B. 1　　C. 0　　D. 4

7. 用一个大小为 7 的数组来实现循环队列，且 tail 和 head 的值分别为 0 和 4。当从队列中删除 2 个元素，再加入 3 个元素后，tail 和 head 的值分别为（　　）和（　　）。

A. 6 3　　B. 2 0　　C. 3 6　　D. 0 2

8. 关于二分算法，下列说法中错误的是（　　）。

A. 二分算法可以用于二分查找、二分答案等不同应用

B. n 个数的随机序列先排序再进行二分查找，总时间复杂度是 $O(\log n)$

C. 二分算法的左右区间可以左闭右闭，也可以左闭右开

D. 二分算法是典型的使用分治思想的算法

9. 如下代码主要表示什么数据结构？（　　）

```
typedef int LTDataType;
typedef struct ListNode
{
    struct ListNode* next;
    LTDataType data;
} LTNode;
```

A. 单向链表　　B. 双向链表　　C. 循环链表　　D. 优先队列

10. 关于字符串和字符串函数，以下说法中错误的是（　　）。

A. s = "ccfgesp"占用 8 字节内存空间

B. 在字典序下，字符串 s1="123"比字符串 s2="99"要小

C. s.substr(2,4)表示截取字符串 s[2]~s[4]这一段的字符

D. cstring 标准库包含了 strcpy、strlen 等函数

11. 在计算机历史上，科学家冯·诺依曼的主要贡献是（　　）。

A. 发明了第一台计算机 ENIAC

B. 破解了德军的 ENIGMA 密码

C. 发明了二进制并应用到电子计算机中

D. 提出存储程序的思想

12. 如下代码对树的操作是（　　）。

```
void order(tree bt)
{
    if(bt)
    {
        cout << bt->value;
```

```
        order(bt->lchild);
        order(bt->rchild);
    }
}
```

A. 前序遍历　　B. 中序遍历　　C. 后序遍历　　D. 层次遍历

13. 给一排 10 个同样的玩偶的头发分别染红色和绿色，要求任意两个绿色头发的玩偶不能相邻，不同的染色方案共有（　　）种。

A. 136　　B. 140　　C. 144　　D. 150

14. 一棵完全二叉树共有 2026 个结点，则该树中共有（　　）个叶子结点。

A. 1014　　B. 1013　　C. 1012　　D. 1011

15. 无向图 G 中有 2025 个度为 1 的结点，2 个度为 2 的结点，3 个度为 3 的结点，4 个度为 4 的结点，则无向图 G 有（　　）条边。

A. 1025　　B. 1026　　C. 1027　　D. 1028

二、阅读程序（程序输入不超过数组或字符串定义的范围；判断题正确填√，错误填×；除特殊说明外，判断题每题 1.5 分，选择题每题 3 分，共计 40 分）

（1）

```
01 #include <bits/stdc++.h>
02 using namespace std;
03 const int N = 1e5 + 5;
04 int n, T, x, y, sum[N], is_prime[N];
05 int main() {
06     memset(is_prime, true, sizeof(is_prime));
07     for (int i = 2; i < N; ++i) {
08         if (is_prime[i]) {
09             for (int j = i + i; j < N; j += i)
10                 is_prime[j] = false;
11         }
12     }
13 
14     for (int i = 1; i < N; ++i) {
15         sum[i] = sum[i - 1];
```

```
16          if (is_prime[i]) sum[i] += i;
17      }
18      scanf("%d %d", &x, &y);
19      if(x > y) swap(x, y);
20      printf("%d\n", sum[y] - sum[x - 1]);
21      return 0;
22 }
```

■ 判断题

16. 当输入为 1 5 时，输出为 10。（　）

17. 若去除第 2 行，程序仍能正常运行。（　）

18. （2 分）在运行第 15 行时，可能溢出 int 上界。（　）

■ 选择题

19. 若输入 91 95，则输出为（　）。

A. 0　B. 184　C. 91　D. 188

20. （4 分）该程序的时间复杂度为（　）。

A. $O(n)$　B. $O(n\log\log n)$　C. $O(n\log^2 n)$　D. $O(n^2)$

（2）

```
01 #include <bits/stdc++.h>
02 using namespace std;
03 int l, r, x;
04 int restrict(int ql, int qr) {
05     return max(0, qr - max(l, ql) + 1);
06 }
07 int calc(int l, int r) {
08     if (l > r)
09         return 0;
10     x = 1;
11     while (x <= r)
12         x *= 2;
13     x /= 2;
14     return restrict(x, r) + calc(1, 2 * x - r - 1);
15 }
16 int main() {
17     scanf("%d%d", &l, &r);
```

```
18     printf("%d\n", calc(l, r));
19     return 0;
20 }
```

已知 $1 \leq l \leq r \leq 10^9$，回答以下问题。

■ **判断题**

21. 第 14 行中的 2 * x - r - 1 一定比 r 小。 (　　)
22. 在运行第 12 行时，x 可能会溢出 int 的上界。 (　　)
23. l=1，r=29、l=1，r=30、l=1，r=31 这三种情况的输出均一样。 (　　)
24. 若输入为 10 20，则输出为 7。 (　　)

■ **选择题**

25. 该程序的时间复杂度为（　　）。

A. $O(n)$　　B. $O(\log n)$　　C. $O(\log^2 n)$　　D. $O(1)$

26. 若输入为 1 2007，则输出为（　　）。

A. 1003　　B. 1004　　C. 1006　　D. 1007

（3）

```
01 #include <bits/stdc++.h>
02 using namespace std;
03 const int N = 5e3 + 5, mo = 998244353;
04 int n, j, ans1, ans2, mi, mj;
05 int C[N][N], a[N], pre[N], suf[N];
06 signed main() {
07     scanf("%d", &n);
08     C[0][0] = 1;
09     for (int i = 1; i <= n; ++i)
10         for (int j = 0; j <= i; ++j)
11             C[i][j] = (C[i - 1][j] + C[i - 1][j - 1]) % mo;
12     for (int i = 1; i <= n; ++i) {
13         scanf("%d", &a[i]);
14         if (a[i] == (n + 1) / 2) j = i;
15         else a[i] = (a[i] > (n + 1) / 2) ? 1 : -1;
16     }
17     for (int i = 1; i <= j - 1; ++i)
```

```
18          pre[i] = pre[i - 1] + a[i];
19      for (int i = n; i >= j + 1; --i)
20          suf[i] = suf[i + 1] + a[i];
21      mi = 0;
22      for (int i = 1; i <= j - 1; ++i)
23          if (!pre[i])
24              ++ans1, mi = i + 1;
25      mj = n;
26      for (int i = n; i >= j + 1; --i)
27          if (!suf[i])
28              ++ans2, mj = i - 1;
29      printf("%d %d\n", ans1 + ans2 + !(mi == mj), C[ans1 + ans2][ans1]);
30      return 0;
31 }
```

已知 n≤5000，n 为奇数，a 是长度为 n 的排列。完成下列各题。

■ 判断题

27. 若 pre 数组的最大值为 $\frac{n-1}{2}$，则输出为 1 1。（　　）

28. 第 29 行中的 C[ans1 + ans2][ans1]可以改成 C[ans1 + ans2][ans2]。（　　）

■ 选择题

29. 若 n=9，则输出的第一个数的最大值为（　　）。

A. 3　　B. 4　　C. 5　　D. 6

30. 若输入为 7 1 6 2 4 5 7 3，则输出为（　　）。

A. 3 2　　B. 2 3　　C. 3 3　　D. 2 2

31. 若输入为 7 3 5 4 1 7 2 6，则输出为（　　）。

A. 3 2　　B. 2 3　　C. 3 3　　D. 2 2

32. （4 分）若 n=13，则输出的第二个数的最大值为（　　）。

A. 6　　B. 10　　C. 20　　D. 36

三、完善程序（单选题，每小题3分，共计30分）

（1）题目描述：

给定一个长度不超过10^4的化学式，计算其分子质量。（分子质量即一个化学式中原子质量之和。）

化学式可能有如下两种构成。

- 若原子只出现了一次，则直接用大写字母表示，如H代表氢元素，原子质量为1。若化学式为两个字母，则首字母大写，第二个字母小写，如Mg代表镁元素，原子质量为24。
- 若原子出现了多次，则用元素_{数量}代表有几个这种元素的原子，如C_{2}代表有两个碳原子；H_{2}ClO_{4}则表示H元素出现了2次，Cl元素出现了1次，O元素出现了4次。相对分子质量为$1\times2+35.5+16\times4=101.5$。

编号	1	2	3	4	5	6	7	8	9	10	11	12
元素	H	C	N	O	F	P	S	Na	Mg	Al	Si	Cl
原子质量	1	12	14	16	19	31	32	23	24	27	28	35.5

```
01 #include <bits/stdc++.h>
02 using namespace std;
03 const int N = 5e5 + 5;
04 const double val[N] = {0,1,12,14,16,19,31,32,23,24,27,28,35.5};
05 int n, to[N];
06 char s[N];
07 double ans;
08 int Hash(int x) {
09     if (to[s[x + 1]] >= 8) {
10         if (s[x + 1] == 'l')
11             return ①;
12         return to[s[x + 1]];
13     }
14     return to[s[x]];
15 }
16 int read(int x) {
17     int ans = 0;
18     for (int i = x; i <= n; i++) {
19         if (s[i] == '}') break;
20         ans = ②;
```

```
21     }
22     return ans;
23 }
24 int main() {
25     to['H'] = 1, to['C'] = 2, to['N'] = 3, to['O'] = 4;
26     to['F'] = 5, to['P'] = 6, to['S'] = 7;
27     to['a'] = 8, to['g'] = 9, to['l'] = 10, to['i'] = 11;
28     scanf("%s", s + 1);
29     n = strlen(s + 1)
30     for (int i = 1; i <= n; ++i) {
31         int x = Hash(i);
32         int j = i + 1 + (x >= 8);
33         if (s[j] == '_') {
34             int k = ③;
35             ans += val[x] * k;
36             while (④) ++i;
37             continue;
38         }
39         ans += val[x];
40         i += (x >= 8);
41         continue;
42     }
43     if (⑤) printf("%.0lf", ans);
44     else printf("%.1lf", ans);
45     return 0;
46 }
```

33. ①处应填（　　）。

A. (s[x] == 'C') ? 10 : 12　　B. (s[x] == 'A') ? 12 : 10

C. 10 + 2 * (s[x] == 'C')　　D. 10 + 2 * (s[x] == 'A')

34. ②处应填（　　）。

A. ans+(int)(s[i])　　B. ans*10+(int)(s[i])

C. ans+s[i]-'0'　　D. ans*10+s[i]-'0'

35. ③处应填（　　）。

A. read(i+3)　　B. read(j+1)　　C. read(j+2)　　D. read(i+2)

36. ④处应填（　　）。

A. `s[i]!='}'`　　B. `!(s[i]>='A'&&s[i]<='Z')`

C. `!(s[i]>='0'&&s[i]<='9')`　　D. `i<=j`

37. ⑤处应填（　　）。

A. `ceil(ans+0.5) == ans`　　B. `ceil(ans) == ans`

C. `(int(ans))/2 == ans/2`　　D. `int(ans+0.5) != ans`

（2）题目描述：

给定整数 m，定义一个数列的权值为这个数列所有乘积大于或等于 m 的子序列（可以不连续）的和。例如数列[1, 2, 3]，当 m = 4 时，子序列[2, 3]和[1, 2, 3]满足条件，这时此数列的权值为 11。

现在给定整数 n，m 以及一个长度为 n 的数列 A，请求出 A 的所有前缀数列 $A_{1\sim i}$ 的权值。由于答案很大，输出对 10^9+7 取模。

```
01 #include <bits/stdc++.h>
02 using namespace std;
03 const int N = 1e5 + 5;
04 const int mod = 1e9 + 7;
05 int n, m, sum, K, tot, f[2][1000], g[2][1000];
06 int a[N], r[N], to[N], pw[N] = {1};
07 int main() {
08     scanf("%d%d", &n, &m); --m;
09     for (int i = 1; i <= n; ++i) pw[i] = pw[i - 1] * 2 % mod;
10     for (int i = 1; i <= n; i++) scanf("%d", &a[i]);
11     for (int i = 1; i <= m; ++i) {
12         if (①) ++ tot;
13         r[tot] = i, to[i] = tot;
14     }
15     for (int x = 1; x <= n; x++) {
16         int i = x & 1, k = i ^ 1;
17         for (int j = 1; j <= tot; j++)
18             f[k][j] = g[k][j] = 0;
19         if (a[x] <= m) {
20             f[i][to[a[x]]] += 1;
21             g[i][to[a[x]]] += ②;
22         }
23         for (int j = 1; j <= tot; j++) {
```

```
24              f[k][j] += f[i][j];
25              g[k][j] += g[i][j];
26              if (a[x + 1] * r[j] <= m) {
27                  int mj = ③;
28                  f[k][mj] += f[i][j];
29                  g[k][mj] += ④;
30              }
31          }
32          sum = ⑤;
33          int rs = 0;
34          for (int j = 1; j <= tot; j++)
35              rs += g[i][j];
36          printf("%d\n", sum - rs);
37      }
38      return 0;
39  }
```

38. ①处应填（　　）。

A. i==1||m/i!=m/(i-1)　　B. i==1||m/i!=m/(i+1)

C. m/i!=m%(i-1)　　D. m/i!=m/(i+1)

39. ②处应填（　　）。

A. 1　　B. a[x]　　C. sum　　D. a[x] * pw[i-1]

40. ③处应填（　　）。

A. to[a[x+1]*r[j]]-1　　B. to[a[x]*r[j]]

C. to[a[x+1]*r[j]]　　D. to[a[x+1]*r[j]]+1

41. ④处应填（　　）。

A. g[i][j]+f[i][j]*a[x+1]

B. g[i][j]+f[i][j]*a[x+1]*pw[i-1]

C. f[i][j]*a[x+1]

D. f[i][j]*a[x+1]*pw[i-1]

42. ⑤处应填（　　）。

A. sum*2+pw[i]*a[x]　　B. sum+a[x]

C. sum*2+pw[i-1]*a[x]　　D. (sum+a[x])*pw[i]

普及组 CSP-J 2025 初赛模拟卷 9

一、单项选择题（共 15 题，每题 2 分，共计 30 分；每题有且仅有一个正确选项）

1. $(1ACF)_{16}$和$(0456)_{16}$ 这两个十六进制数做加法的结果是（　　）。

A. $(1F25)_{16}$　　B. $(7975)_{10}$　　C. $(17455)_{8}$　　D. $(1111100100111)_{2}$

2. 一个 64 位无符号长整型变量占用（　　）字节。

A. 32　　B. 4　　C. 16　　D. 8

3. 下列选项中，（　　）判断字符串 s1 是否为回文串，如果是就输出“yes”，否则输出“no”。

```
int main()
{
    string s1, s2;
    cin>>s1;
    s2 = s1;
    ____________;
    if(s1 == s2)
        cout<<"yes";
    else
        cout<<"no";
    return 0;
}
```

A. `reverse(s1.begin(), s1.end());`

B. `reverse(s1[0], s1[s1.size()]);`

C. `s1.reverse(begin(), end());`

D. `reverse(s1, s1+s1.size());`

4. 已知 x、y、z 都是 int 类型的整数，x=1、y=1、z=3。那么执行 `bool ans = x++||--y&&++z` 后，x、y、z 和 ans 的值各为多少？（　　）

A. x=2, y=0, z=4, ans=1　　B. x=2, y=1, z=3, ans=1

C. x=2, y=1, z=3, ans=0　　D. x=2, y=0, z=4, ans=0

5. 指针 p 指向变量 a，q 指向变量 c。能够把 c 插入到 a 和 b 之间并形成新链表的语句组是（　　）。

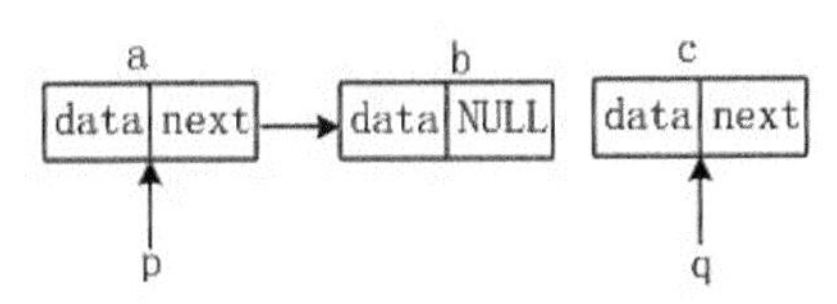

A. `p.next = q; q.next = p.next;`

B. `p->next = &c; q->next = p->next;`

C. `(*p).next = q; (*q).next = &b;`

D. `a.next = c; c.next = b;`

6. 以下哪个特性是数组和链表共有的？（　　）

A. 动态分配　　B. 元素之间的次序关系

C. 通过索引访问　　D. 存储连续

7. 下面关于哈夫曼树的描述中，正确的是（　　）。

A. 哈夫曼树一定是完全二叉树

B. 哈夫曼树一定是平衡二叉树

C. 哈夫曼树中权值最小的两个结点互为兄弟结点

D. 哈夫曼树中左子结点小于父结点，右子结点大于父结点

8. 已知一棵二叉树有 2025 个结点，则其中至多有（　　）个结点有 2 个子结点。

A. 1010　　B. 1011　　C. 1012　　D. 1013

9. 下面的说法中正确的是（　　）。

A. 计算机网络按照拓扑结构分为星型、环型、总线型等

B. 互联网的基础是 OSI 七层协议而不是 TCP/IP 协议族

C. 现代计算机网络主要采用电路交换技术

D. 10.10.1.1 是 D 类 IP 地址

10. 下面关于图的说法中正确的是（　　）。

A. 所有点数为奇数的连通图，一定可以一笔画成

B. 所有只有两个奇度点[其余均为偶度点]的连通图，一定可以一笔画成

C. 哈密顿图一定是欧拉图，而欧拉图未必是哈密顿图

D. 哈密顿图不一定是欧拉图，而欧拉图一定是哈密顿图

11. （　　）是一种选优搜索法，按选优条件向前搜索以达到目标。当搜索到某一步时，如果发现原先的选择并不优或者达不到目标，就后退一步重新选择。

A. 二分算法　　B. 动态规划　　C. 回溯法　　D. 贪心算法

12. 动态规划是将一个问题分解为一系列子问题后来求解，下面（　　）属于动态规划问题。

A. 多重背包　　B. 排队打水　　C. 有序数组找数　　D. 全排列

13. 设无向图 G 的邻接矩阵如下图所示，则 G 的顶点数和边数分别为（　　）。

$$\begin{bmatrix} 0 & 1 & 1 & 0 & 0 \\ 1 & 0 & 0 & 1 & 1 \\ 1 & 0 & 0 & 0 & 0 \\ 0 & 1 & 0 & 0 & 1 \\ 0 & 1 & 0 & 1 & 0 \end{bmatrix}$$

A. 4, 5　　B. 5, 8　　C. 4, 10　　D. 5, 5

14. 某条道路从东到西有 8 个路灯，巡查员为了维护方便，在每根灯杆上都安装了开关，第 t 个开关能够切换前 t 个灯的状态（t=1~8，灯开或关），一开始灯全是开的。巡查员通过控制开关一共能得到（　　）种不同灯的开或者关的组合状态。

A. 128　　B. 256　　C. 127　　D. 255

15. 某四位正整数 abcd 满足如下条件（a,n 也是正整数，b,c,d 是非负整数）：$abcd=1^3+2^3+\cdots+n^3$，$abcd=(1+2+3+\cdots+n)^2$，$abcd=(ab+cd)^2$，这样的正整数 abcd 共有（　　）个。

A. 0　　B. 1　　C. 2　　D. 3

二、阅读程序（程序输入不超过数组或字符串定义的范围；判断题正确填√，错误填×；除特殊说明外，判断题每小题 1.5 分，选择题每小题 3 分，共计 40 分）

（1）

```
01 #include <bits/stdc++.h>
02 using namespace std;
03 const int N = 100 + 5;
04 int n, c, x, y, len, l[N], r[N], cha[N];
```

```
05 char a[N];
06 int main() {
07     scanf("%d%d%s", &n, &c, a + 1);
08     len = n;
09     for (int i = 1; i <= c; i++) {
10         scanf("%d%d", &l[i], &r[i]);
11         cha[i] = len - l[i] + 1;
12         len += r[i] - l[i] + 1;
13     }
14     scanf("%d", &x);
15     for (int i = c; i; i--)
16         if (x >= l[i] + cha[i] && x <= r[i] + cha[i])
17             x -= cha[i];
18     printf("%c\n", a[x]);
19     return 0;
20 }
```

输入保证$1 \leqslant l_i \leqslant r_i \leqslant n \leqslant 100$，$1 \leqslant c \leqslant 100$。回答以下问题。

■ 判断题

16. 第 17 行最多会运行一次。（　　）

17. （2 分）当程序运行至第 19 行时，x 一定在[1,n]范围内。（　　）

18. 若将第 3 行改成 const int N = 100;，一定不会出现数组越界问题。（　　）

■ 选择题

19. 若输入 4 2 mark 1 4 5 7 10，则输出为（　　）。

A. m　　B. a　　C. r　　D. k

20. （4 分）若输入 7 3 creamii 2 3 3 4 2 9 11，则输出为（　　）。

A. m　　B. e　　C. a　　D. i

（2）

```
01 #include <bits/stdc++.h>
02 using namespace std;
03 const int N = 2e5 + 5;
04 int n, ans, a[N], cnt[20];
05 int main() {
06     scanf("%d", &n);
```

```
07     for (int i = 1; i <= n; ++i) {
08         scanf("%d", &a[i]);
09         for (int j = 0; j <= 14; ++j) {
10             cnt[j] += a[i] & 1;
11             a[i] /= 2;
12         }
13     }
14     for (int i = 1; i <= n; ++i) {
15         int sum = 0, x = 1;
16         for (int j = 0; j <= 14; ++j) {
17             if (cnt[j])
18                 sum += x, --cnt[j];
19             x *= 2;
20         }
21         ans += sum * sum;
22     }
23     return printf("%d\n", ans), 0;
24 }
```

已知 $1 \leqslant n, a < 2^{15}$，完成下列各题。

■ 判断题

21. 第10行可以写成 `cnt[j] += a[i] % 2`。（ ）

22. 第21行一定不会溢出 int 上界。（ ）

23. 若输入为 1 a_1，则输出为 a_1^2。（ ）

24. 若输入为 3 1 3 5，则输出为 51。（ ）

■ 选择题

25. 该程序的时间复杂度为（ ）。

A. $O(n)$　　B. $O(n\log n)$　　C. $O(n^2)$　　D. $O(n\log^2 n)$

26. 若输入为 2 123 69，则程序运行至第13行时，cnt 数组的和为（ ）。

A. 6　　B. 7　　C. 9　　D. 10

（3）

```
01 #include <bits/stdc++.h>
02 using namespace std;
03 const int N = 10005, M = 15;
```

```
04 char c[N];
05 int d, num[N], dp[N][M][2];
06 int dfs(int pos, int res, int sta) {
07     if (pos == 0)
08         return res == 0;
09     if (dp[pos][res][sta] != -1)
10         return dp[pos][res][sta];
11     int ret = 0, maxx = 9;
12     if (sta) maxx = num[pos];
13     for (int i = 0; i <= maxx; i++)
14         ret += dfs(pos - 1, (res + i) % d, sta && (i == maxx));
15     dp[pos][res][sta] = ret;
16     return ret;
17 }
18 int main() {
19     scanf("%s%d", c + 1, &d);
20     memset(dp, -1, sizeof(dp));
21     for (int i = 1; i <= strlen(c + 1); i++)
22         num[i] = c[strlen(c + 1) - i + 1] - '0';
23     printf("%d\n", dfs(strlen(c + 1), 0, 1) - 1);
24     return 0;
25 }
```

已知$1 \leqslant d < 10$，$1 \leqslant |c| \leqslant 10\,000$，完成下列各题。

■ **判断题**

27. 将程序中的第 2 行去除，程序依然能正常运行。（　　）

28. 该程序的时间复杂度为$O(|c|^2)$。（　　）

■ **选择题**

29. 若将程序中的第 15 行去除，则程序的时间复杂度为（　　）。

A. $O(10^{|c|})$　　B. $O(100d|c|)$　　C. $O(10d|c|)$　　D. $O(10^{d|c|})$

30. 若输入为 9 2，则输出为（　　）。

A. 1　　B. 2　　C. 4　　D. 7

31. 若输入为 30 4，则输出为（　　）。

A. 3　　B. 4　　C. 6　　D. 7

32. （4 分）若输入为 2025 6，则输出为（　　）。

A. 240　　B. 256　　C. 280　　D. 338

三、完善程序（单选题，每小题 3 分，共计 30 分）

（1）题目描述：

有一个长度为 n 的数组 a，满足 a[i]只能是 0、1 或 2，一开始所有元素均为蓝色。可以执行如下操作：

（i）用一枚硬币，把一个蓝色元素涂成红色；

（ii）选择一个不等于 0 的红色元素和一个与其相邻的蓝色元素，将所选的红色元素减少 1，并将所选的蓝色元素涂成红色。

要将所有元素涂红，最少需要多少枚硬币？

```
01 #include <bits/stdc++.h>
02 using namespace std;
03 const int N = 2e5 + 5;
04 int n, pre[N], a[N], dp[N][3];
05 int main() {
06   scanf("%d", &n);
07    memset(dp, 0x3f, sizeof dp);
08    dp[0][0] = dp[0][1] = dp[0][2] = 0;
09    for (int i = 1; i <= n; i++)
10       scanf("%d", &a[i]);
11    ①;
12    for (int i = 1; i <= n; i++)
13       pre[i] = ②;
14    for (int i = 2, j; i <= n; i++) {
15       dp[i][a[i]] = min({ ③ });
16       if (④)
17          dp[i][a[i] - 1] = 1 + min({⑤});
18    }
19    printf("%d", min({ dp[n][0], dp[n][1], dp[n][2] }));
20 }
```

33. ①处应填（　　）。

A. dp[1][a[1]==2]=1　　B. dp[1][a[1]==1]=1

C. dp[1][a[1]==0]=1　　D. dp[1][a[1]]=1

34. ②处应填（ ）。

A. a[i]?pre[i-1]:i　　B. a[i]?i:pre[i-1]

C. a[i]==2?pre[i-1]:i　　D. a[i]==2?i:pre[i-1]

35. ③处应填（ ）。

A. dp[i - 1][0] + 1, dp[i - 1][1], dp[i - 1][2]

B. dp[i - 1][0] + 2, dp[i - 1][1] + 1, dp[i - 1][2]

C. dp[i - 1][0] + 2, dp[i - 1][1], dp[i - 1][2]

D. dp[i - 1][0], dp[i - 1][1], dp[i - 1][2]

36. ④处应填（ ）。

A. a[i]　　B. a[i]==2　　C. a[i]==1　　D. a[i-1]

37. ⑤处应填（ ）。

A. dp[pre[i] - 1][0] + 1, dp[pre[i] - 1][1], dp[pre[i] - 1][2]

B. dp[pre[i] - 1][0] + 2, dp[pre[i] - 1][1] + 1, dp[pre[i] - 1][2]

C. dp[pre[i] - 1][0] + 2, dp[pre[i] - 1][1], dp[pre[i] - 1][2]

D. dp[pre[i] - 1][0], dp[pre[i] - 1][1], dp[pre[i] - 1][2]

（2）题目描述：

给你一个长度为 n（n≤300000）的整数数组 a。

你可以执行以下操作：选择数组中的一个元素，并用其邻近元素的值替换它。

计算在执行上述操作最多 k（k≤10）次的情况下，数组的总和可能达到的最小值。

```
01 #include <bits/stdc++.h>
02 using namespace std;
03 const int N = 3e5 + 5;
04 int n, k, a[N], p[N][11], ans[N][11];
05 int main() {
06     scanf("%d%d", &n, &k);
07     for (int i = 1; i <= n; i++) {
08         scanf("%d", &a[i]);
09         ①;
10     }
11     for (int j = 1; j <= k; j++)
12         for (int i = 1; i + j <= n; i++)
```

```
13            p[i][j] = min(p[i][j - 1], a[i + j]);
14    for (int j = 1; j <= k; j++)
15        for (int i = 1; i + j <= n; i++)
16            ②;
17    for (int i = 1; i <= n; i++) {
18        ans[i][0] = ③;
19        for (int j = 1; j <= k; j++) {
20            ans[i][j] = min(ans[i - 1][j] + a[i], ans[i][j - 1]);
21            for (int h = 0; ④; h++)
22                ans[i][j] = min(ans[i][j], ⑤);
23        }
24    }
25    printf("%d\n", ans[n][k]);
26    return 0;
27 }
```

38. ①处应填（　　）。

A. p[i][0]=i　　B. p[i][0]=a[i]

C. p[i][i]=i　　D. p[i][i]=a[i]

39. ②处应填（　　）。

A. p[i][j]*=j　　B. p[i][j]*=(j+1)

C. p[i][j]*=i　　D. p[i][j]*=(i+1)

40. ③处应填（　　）。

A. ans[i-1][0]+a[i]　　B. ans[i-k][0]+p[i-k+1][k]

C. ans[i-1][0]+a[i]*i　　D. ans[i-k][0]+p[i-k+1][k]*k

41. ④处应填（　　）。

A. h<=i&&h<=j　　B. h<i&&h<=j　　C. h<i&&h<j　　D. h<=i&&h<j

42. ⑤处应填（　　）。

A. ans[i-h-1][j-h]+p[i-h][h]　　B. ans[i-h][j-h]+p[i-h][h]

C. ans[i][j-h]+p[i][h]　　D. ans[i][j-h]+p[i-h][h]

普及组 CSP-J 2025 初赛模拟卷 10

一、单项选择题（共 15 题，每题 2 分，共计 30 分；每题有且仅有一个正确选项）

1. 以下列扩展名结尾的文件，不是多媒体文件的是（　　）。

A. mp3　　B. txt　　C. avi　　D. jpg

2. 以下关于链表和数组的描述中，错误的是（　　）。

A. 数组和链表都可以排序

B. 数组中查询元素的效率比较高

C. 链表中插入和删除元素的效率比较高

D. 向量和静态数组一样，不能动态调整数组大小

3. 与 C++语言中的 `cout << a > b ? 'a' : 'b';`功能类似的是（　　）。

A. 顺序结构　　B. 循环结构　　C. 条件结构　　D. 递推函数

4. 下面的 C++代码中 data 占用（　　）字节内存空间。

```
union Data
{
    int no;
    double score;
    char name[6];
};
union Data data;
```

A. 4　　B. 8　　C. 18　　D. 6

5. 学号为 1 到 30 的幼儿园小朋友顺时针围成一圈，从 1 号小朋友开始按顺时针方向报数，报数从 0 开始，依次为 0,1, 2, 3, …, 28, 29, 30, 31, 32,…，一圈又一圈，问数到数字 n 的小朋友的学号是多少？（　　）

A. `n%30+1`　　B. `(n+1)%30`　　C. `(n+1)%30+1`　　D. `n%30`

6. 以下哪个不属于STL模板中队列的操作函数？（　　）

A. push　　B. pop　　C. empty　　D. top

7. 在C++语言中，（　　）算法的时间复杂度是 $O(n\log n)$。

A. 插入排序　　B. 归并排序　　C. 选择排序　　D. 冒泡排序

8. 以下关于字符串的判定语句中正确的是（　　）。

A. 字符串一般以字符'0'结尾

B. 串的长度必须大于零

C. string s;中定义的s也可以看作字符数组，首字母是s[0]

D. 全部都由空格字符组成的串就是空串

9. 以下算法中，（　　）算法用到了栈。

A. BFS　　B. 二分查找　　C. DFS　　D. 贪心

10. 32位计算机系统中一个非负长整型指针变量 unsigned long long *p 占（　　）字节。

A. 1　　B. 2　　C. 8　　D. 4

11. 某山峰型数列有1~2025共2025个各不相同的数，先是奇数由小到大，后是偶数由大到小，即1, 3, 5, 7, 9, …, 2023, 2025, 2024, 2022, 2020, …, 8, 6, 4, 2。现要对该数列进行检索，查找某正整数 x 的下标（x 为1~2025中的某正整数，包含1和2025），最多检索（　　）次即可。

A. 2025　　B. 11　　C. 10　　D. 9

12. 在C++程序中，lowbit(x)函数返回整数x在二进制表示下最低一位1以及后续0一起表示的数字，如lowbit(12)=4。下面的表达式中，（　　）能得到相同的结果。

A. x ^ (x - 1)　B. x & (x - 1)　C. x & (~x + 1)　D. x | (x - 1)

13. 某二叉树的中序遍历序列为BDCEAFHG，后序遍历序列为DECBHGFA，其前序遍历序列为（　　）。

A. ABCDEFGH　　B. ABDCEFHG　　C. ABCDFEHG　　D. ABDCEFGH

14. 有5条线段，长度分别为1, 3, 5, 7, 9，从中任取3条能构成一个三角形的概率为（　　）。

A. 1/2　　B. 3/10　　C. 1/5　　D. 2/5

15. 对于非负整数组{x,y,z}，满足 x+2y+3z=100 的非负整数解组数为（　　）个。

A. 886　　B. 885　　C. 884　　D. 883

二、阅读程序（程序输入不超过数组或字符串定义的范围；判断题正确填√，错误填×；除特殊说明外，判断题每题 1.5 分，选择题每题 3 分，共计 40 分）

（1）

```
01 #include <bits/stdc++.h>
02 using namespace std;
03 const int N = 2e4 + 5, inf = 2e9 + 7;
04 int n, a[N], ans = inf;
05 int main() {
06     scanf("%d", &n);
07     for (int i = 1; i <= n; i++)
08         scanf("%d", &a[i]);
09     sort(a + 1, a + n + 1);
10     for (int i = 2; i <= n; i += 2) {
11         int mi = inf, ma = -inf, x = 0;
12         for (int j = 1; j <= i; ++j) {
13             x = a[j] + a[i - j + 1];
14             mi = min(mi, x), ma = max(ma, x);
15         }
16         if (i ^ n)
17             ans = min(ans, max(a[n], ma) - min(a[i + 1], mi));
18         else
19             ans = min(ans, ma - mi);
20     }
21     return printf("%d\n", ans), 0;
22 }
```

■ 判断题

16. 若将程序第 12 行中的 i 改成 i/2，程序的输出结果一定不会改变。（　　）

17. （2 分）若将程序第 10 行中的 i+=2 改成 i++，程序的输出结果一定不会改变。（　　）

18. 若将头文件#include <bits/stdc++.h>改成#include <iostream>，程序仍能正常运行。（　　）

■ 选择题

19. 若输入 4 1 3 6 7，则输出为（　　）。

A. 0　　B. 1　　C. 2　　D. 3

20. （4 分）若输入 7 2 8 9 15 17 18 16，则输出为（　　）。

A. 2　　B. 3　　C. 4　　D. 5

（2）

```
01 #include <bits/stdc++.h>
02 using namespace std;
03 int n, m, k, l, r, mid;
04 int check(int g) {
05     int st = 1, ed = m, cnt = 0;
06     while (st <= n && ed >= 1) {
07         if (st * ed > g)
08             ed--;
09         else {
10             cnt += ed;
11             st++;
12         }
13     }
14     return cnt >= k;
15 }
16 int main() {
17     scanf("%d%d%d", &n, &m, &k);
18     l = 1, r = n * m;
19     while (l < r) {
20         mid = (l + r) / 2;
21         if (check(mid)) r = mid;
22         else l = mid + 1;
23     }
24     cout << l << endl;
25 }
```

已知 k≤nm，保证 n,m 同阶，完成以下问题。

■ 判断题

21. 每次运行 check 时，第 7 行必定运行 n 次。（　　）

22. 如果保证 m=1，则输出一定为 k。 ( )
23. 若将第 21 行中的 r = mid 改成 r = mid - 1，程序输出一定不变。 ( )
24. 第 24 行可以改成 cout << r << endl;。 ( )

■ **选择题**

25. 该程序的时间复杂度为（ ）。

A. $O(n)$ B. $O(n\log n)$ C. $O(n^2)$ D. $O(nk)$

26. 若输入为 2 3 4，则输出为（ ）。

A. 1 B. 2 C. 3 D. 6

（3）

```
01 #include <bits/stdc++.h>
02 using namespace std;
03 const int N = 10, dx[10] = {0,1,0,-1,0}, dy[10] = {0,0,1,0,-1};
04 int n, m, ans;
05 char c[N][N];
06 void dfs(int x) {
07     if (!x) return ++ans, void();
08     vector<int> v; v.clear();
09     for (int i = 1; i <= n; ++i)
10     for (int j = 1; j <= n; ++j)
11     if (c[i][j] == '.') {
12         bool flag = 0;
13             for (int k = 1; k <= 4; ++k) {
14             int tx = i + dx[k], ty = j + dy[k];
15             flag |= tx &&tx<=n &&ty &&ty<=n &&c[tx][ty] == 1;
16           }
17         if (flag)
18             v.push_back(i*10+j),c[i][j]=1,dfs(x-1),c[i][j]='#';
19     }
20     if (!v.empty())
21         for (int i = 0; i < v.size(); ++i)
22             c[v[i] / 10][v[i] % 10] = '.';
23 }
24 int main() {
25     scanf("%d%d", &n, &m);
26     for (int i = 1; i <= n; ++i)
```

```
27         scanf("%s", c[i] + 1);
28     for (int i = 1; i <= n; ++i)
29         for (int j = 1; j <= n; ++j)
30             if (c[i][j] == '.')
31                 c[i][j] = 1, dfs(m - 1), c[i][j] = '#';
32     return printf("%d\n", ans), 0;
33 }
```

■ **判断题**

27. 将第18行中的c[i][j]='#'去除，结果一定不变。 （　　）

28. 第6行运行的次数不超过$n^2 4^m$。 （　　）

■ **选择题**

29. 若输入为2 2 #. .. ，则输出为（　　）。

A. 0　　B. 1　　C. 2　　D. 3

30. 若输入为3 5 #.# ... .#. ，则输出为（　　）。

A. 2　　B. 3　　C. 4　　D. 5

31. （4分）若n=3，m=3，则输出的最大值为（　　）。

A. 16　　B. 18　　C. 22　　D. 26

32. 若n=4，m=13，则输出的最大值为（　　）。

A. 488　　B. 496　　C. 512　　D. 560

三、完善程序（单选题，每小题3分，共计30分）

（1）题目描述：

给定两个由小写字母构成的字符串 s1 和 s2，同时给定一个由数字 1,2,3⋯|operation|组成的排列。按该排列顺序依次删除字符串 s1 相应位置上的字母，在删除过程中，约定各个字符的位置不变。请计算最多可以删除几次，字符串 s1 中仍然包含字符串 s2（即字符串 s2 仍然是字符串 s1 的子串）。

```
01 #include <bits/stdc++.h>
02 using namespace std;
03 const int N = 2e5 + 5;
```

```
04 bool book[N];
05 char s1[N], s2[N];
06 vector <int> num;
07 int n = 1, len1, len2, ans, operation[N];
08 bool check(int x) {
09     num.clear();
10     for (int i = x + 1; i <= n; i++)
11         if (①)
12             num.push_back(operation[i]);
13     sort(num.begin(), num.end());
14     int i = 0, j = 1;
15     while (②)
16         j += ③;
17     return j == len2 + 1;
18 }
19 inline void fuc(int l, int r) {
20     if (④) return;
21     int mid = (l + r) >> 1;
22     if (check(mid)) ans = mid, fuc(mid + 1, r);
23     else fuc(l, mid - 1);
24 }
25 int main() {
26     scanf("%s", s1 + 1);
27     scanf("%s", s2 + 1);
28     len1 = strlen(s1 + 1);
29     len2 = strlen(s2 + 1);
30     while (⑤) ++n;
31     n--;
32     for (int i = 1; i <= len2; i++)
33         book[int(s2[i])] = true;
34     fuc(1, n);
35     printf("%d\n", ans);
36     return 0;
37 }
```

33. ①处应填（　　）。

A. book[s1[operation[i]]]　　B. book[s1[i]]

C. !book[s1[operation[i]]]　　D. !book[s1[i]]

34. ②处应填（　　）。

A. `i<num.size()&&j<=len2`　　B. `i<=num.size()&&j<=len2`

C. `i<=num.size()&&j<len2`　　D. `i<num.size()&&j<len2`

35. ③处应填（　　）。

A. `s1[num[i++]]==s2[j]`　　B. `s1[num[++i]]==s2[j]`

C. `s1[num[i++]]==s2[j++]`　　D. `s1[num[++i]]==s2[j++]`

36. ④处应填（　　）。

A. `l>=r`　　B. `l==r`　　C. `l>r`　　D. `l^r`

37. ⑤处应填（　　）。

A. `scanf("%d",&operation[n])`　　B. `~scanf("%d",&operation[n])`

C. `~(cin>>operation[n])`　　D. `!scanf("%d",&operation[n])`

（2）题目描述：

如果存在一个长度为 n 的排列（即该排列由 1, 2, 3, ⋯, n 这 n 个数字各出现一次组成），对于所有满足 $2 \leqslant i \leqslant n-1$ 的整数 i，都有 $p_i \leqslant p_{i-1}, p_i \leqslant p_{i+1}$ 或者 $p_i \geqslant p_{i-1}, p_i \geqslant p_{i+1}$ 成立，则称这个序列为一个山峰山谷序列。

对所有长度为 n 的山峰山谷序列排序，求字典序第 k 大的排列。

$dp_{i,j,0/1}$ 表示长度为 i 的排列中第一个数为 j，其中第一个数小于/大于第二个数。

```
01 #include <bits/stdc++.h>
02 using namespace std;
03 const int N = 105;
04 int n, k, dp[N][N][2], ans[N], vis[N];
05 signed main() {
06     scanf("%d%d", &n, &k);
07     dp[1][1][0] = dp[1][1][1] = 1;
08     dp[2][1][0] = dp[2][2][1] = 1;
09     for (int i = 2; i < n; ++i)
10         for (int j = 1; j <= i; ++j)
11             for (int k = 1; k <= i + 1; ++k)
12                 if (①) dp[i + 1][k][1] += dp[i][j][0];
13                 else ②;
14     for (int i = 1; i <= n; ++i) {
```

```
15        int las = 0, mk = 1;
16        if (i > 2 && ans[i - 1] < ans[i - 2])
17           mk = ③;
18        for (int j = mk; j <= n; ++j) if (!vis[j]) {
19           int cnt = 0;
20           for (int k = 1; k <= j; ++k) if (!vis[k]) cnt++;
21           int x = ④;
22           if (i == 1) x += dp[n][j][0];
23           if (x >= k) { las = j; break; }
24           ⑤;
25        }
26     ans[i] = las, vis[las] = 1;
27     }
28     for (int i = 1; i <= n; ++i)
29        printf("%d ", ans[i]);
30     return 0;
31 }
```

38. ①处应填（　　）。

A. `j < k`　　B. `j <= k`　　C. `i < k`　　D. `i <= k`

39. ②处应填（　　）。

A. `dp[i+1][k][1]+=dp[i][j][0]`　　B. `dp[i+1][k][0]+=dp[i][j][1]`

C. `dp[i+1][j][1]+=dp[i][k][0]`　　D. `dp[i+1][j][0]+=dp[i][k][1]`

40. ③处应填（　　）。

A. `ans[i-1]+1`　　B. `ans[i-2]+1`　　C. `i+1`　　D. `ans[i-1]`

41. ④处应填（　　）。

A. `dp[n-i+1][cnt][ans[i-1]<j]`

B. `dp[n-i+1][cnt][ans[i-1]>j]`

C. `dp[n-i+1][j-cnt][ans[i-1]>j]`

D. `dp[n-i+1][j-cnt][ans[i-1]<j]`

42. ⑤处应填（　　）。

A. `k-=x`　　B. `k-=x*(n-i+1)`　　C. `k-=x*cnt`　　D. `k-=x*mk`

提高组 CSP-S 2025 初赛模拟卷 1

一、单项选择题（共 15 题，每题 2 分，共计 30 分；每题有且仅有一个正确选项）

1. 已知开放集合 S 规定，如果正整数 x 属于该集合，则 2x 和 3x 同样属于该集合。若集合包含 1，则集合一定包含（　　）。

   A. 2024　　B. 1536　　C. 2025　　D. 2026

2. 在 C++语言中，容器 vector 类型不包含函数（　　）。

   A. top()　　B. front()　　C. back()　　D. pop_back()

3. 在 NOI Linux 系统中，列出文件夹内所有文件的命令是（　　）。

   A. dir　　B. display　　C. ls　　D. show

4. 在 C++语言中，(-5)^(-6)的值为（　　）。

   A. -1　　B. -3　　C. 1　　D. 3

5. 已知由 x 个点组成的森林中有 y 棵树，则此森林中有（　　）条边。

   A. x-y+1　　B. x-y-1　　C. x-1　　D. x-y

6. 某大学计算机系排课，某些课程需要先学才能学习后续的课程，这个排课过程中常用的算法是（　　）。

   A. 堆排序　　B. 拓扑排序　　C. 插入排序　　D. 归并排序

7. 迪杰斯特拉算法在最坏情况下的时间复杂度为（　　）。

   A. $O(n\log n)$　　B. $O(n^2\log n)$　　C. $O(n^2)$　　D. $O(n^3)$

8. 我们通常称之为 FIFO 的数据结构为（　　）。

   A. 队列　　B. 链表　　C. 栈　　D. 向量

9. 关于 C++语言中类的说法中错误的是（　　）。

   A. 以 struct 声明的类中的成员默认为 public 形式

B. 以 class 声明的类中的成员默认为 private 形式

C. 以 private 关键字修饰的类对象，可以直接访问，但不能修改其成员数据

D. 类可被认为是包含其成员的名字空间

10. 若根结点在第一层，则有 2025 个结点的二叉树的最大深度为（　　）。

A. 2024　　B. 2025　　C. 11　　D. 12

11. 下面的编码组合中，（　　）不是合法的哈夫曼编码。

A. (0, 1, 00, 11)　　B. (00, 01, 10, 11)

C. (0, 10, 110, 111)　　D. (1, 01, 000, 001)

12. 在程序运行过程中，如果函数 A 调用函数 B，函数 B 又调用函数 A，这种间接调用操作的循环次数过多可能会引发（　　）空间溢出。

A. 队列　　B. 栈　　C. 链表　　D. 堆

13. 若事件 A 和事件 B 相互独立，二者发生的概率相同，即 $P(A)=P(B)$，且 $P(A\cup B)=0.64$，则事件 A 发生的概率 $P(A)=$（　　）。

A. 0.3　　B. 0.4　　C. 0.6　　D. 0.8

14. 将 8 本不同的书分给 5 个人，其中 3 个人各拿一本，1 个人拿两本，1 个人拿三本，共有（　　）种分配法。

A. 33 600　　B. 36 000　　C. 72 000　　D. 67 200

15. 随机生成 n 个各不相同的正整数数组元素，快速排序算法的第一轮执行一遍以后，已经被排到正确位置的元素至少有（　　）个。

A. $n/2$　　B. $n/3$　　C. 1　　D. 0

二、阅读程序（程序输入不超过数组或字符串定义的范围；判断题正确填√，错误填×；除特殊说明外，判断题每题 1.5 分，选择题每题 3 分，共计 40 分）

（1）

```
01 #include <bits/stdc++.h>
02
03 using namespace std;
```

```
04
05 #define ll long long
06
07 int read() {
08    int x=0, f=1; char ch=' ';
09    while(!isdigit(ch)) {ch=getchar(); if(ch=='-') f=-1;}
10    while(isdigit(ch)) x=(x<<3)+(x<<1)+(ch^48), ch=getchar();
11    return x*f;
12 }
13
14 int a[50], len, f[50][65], vis[50][65];
15
16 int dfs(bool limit, bool lead, int pos, int cha) {
17    if(pos==0) return cha>=30;
18    if(!limit&&!lead&&vis[pos][cha]) return f[pos][cha];
19    int res=0;
20    int up=limit?a[pos]:1;
21    for(int i=0;i<=up;i++) {
22       res+=dfs(limit&(i==a[pos]), lead&(i==0), pos-1,
            cha+(i==0?(lead?0:1):-1));
23    }
24    if(!limit&&!lead) vis[pos][cha]=1, f[pos][cha]=res;
25    return res;
26 }
27
28 int solve(int x) {
29    len=0;
30    while(x) {
31       a[++len]=x%2;
32       x/=2;
33    }
34    return dfs(1, 1, len, 30);
35 }
36
37 int main() {
38    int l=read(), r=read();
39    cout<<solve(r)-solve(l-1);
40 }
```

假设输入的数据不会超 10^9，回答下列问题。

■ 判断题

16. 该程序能够计算[l,r]区间内所有二进制下有且仅有一个 0 的数字的数量（例如 2=10,101,1101）。（ ）

17. 如果输入 0 0，则该程序获得结果 12。（ ）

18. 如果输入 2 12，则该程序获得结果 6。（ ）

19. 第 31 行代码的执行次数不会超过 60 次。（ ）

■ 选择题

20. 以下说法中正确的是（ ）。

A. 该程序的时间复杂度为 $O(N\log N)$。

B. 该程序能将 double 类型的数无误差地用 a 表示。

C. 输入 15 15 时，程序输出为 0。

D. 如果把除 main 函数前的 int 全改为 ll，程序能够正确处理 long long 范围内的输入数据。

21. 对于以下哪组输入，程序会输出最大值？（ ）

A. 1 11　　B. 2 12　　C. 3 13　　D. 4 14

（2）

```
01 #include <algorithm>
02 #include <iostream>
03 #include <fstream>
04 #include <vector>
05 using namespace std;
06
07 const int INF = 1000000000;
08 template<class T> inline int Size(const T&c) { return c.size(); }
09
10 struct Impossible {};
11
12 vector<int> breeds;
13 vector<int> volumes;
14
15 void ReadInput() {
16     int n,b; cin >> n >> b;
17     for(int i=0;i<b;++i) {
18         int v; cin >> v; breeds.push_back(v);
```

```
19     }
20     for(int i=0;i<n;++i) {
21         int v; cin >> v; volumes.push_back(v);
22     }
23 }
24
25 vector<int> knapsack;
26
27 void ExtendKnapsack() {
28     int t = Size(knapsack);
29     int v = INF;
30     for(int i=0;i<Size(breeds);++i) {
31         int t2 = t - breeds[i];
32         if(t2>=0) v = min(v, 1 + knapsack[t2]);
33     }
34     knapsack.push_back(v);
35 }
36
37 int Knapsack(int total) {
38     if(total<0) throw Impossible();
39     while(total >= Size(knapsack)) ExtendKnapsack();
40     if(knapsack[total]==INF) throw Impossible();
41     return knapsack[total];
42 }
43
44 int Solve() {
45     knapsack.assign(1, 0);
46     int carry = 0;
47     int res = 0;
48     for(int i=0;i<Size(volumes);++i) {
49         carry = max(carry-1, 0);
50         int v = volumes[i] - carry;
51         res += Knapsack(v);
52         carry = volumes[i];
53     }
54     return res;
55 }
56
57 int main() {
58     ReadInput();
59     try {
```

```
60          cout<< Solve() << "\n";
61      } catch (Impossible) {
62          cout << "-1\n";
63      }
64 }
```

假设输入总是满足 1≤n,b≤500。

■ **判断题（每题 2 分）**

22. knapsack 的初始容量是 1。（ ）

23. 如果 total 小于 0，Knapsack 函数会抛出 Impossible 异常。（ ）

24. 如果 breeds 不全为 0，那么输出一定不为 0。（ ）

■ **选择题**

25. 若程序输入

```
4 3
4 2 1
0 4 5 7
```

则输出是（ ）。

A. 0　B. -1　C. 3　D. 4

26. 下列说法中正确的是（ ）。

A. ExtendKnapsack 函数本质上实现了一个背包功能，并且在复杂度上比普通背包更优秀。

B. knapsack[i]表示和为 i 时最少使用 breeds 中的数的个数（可重复使用，使用几次计几个）。

C. 这段代码的时间复杂度是 O(K*N)（K 指的是 a 数组的值域，N 指的是 a 数组的大小）。

D. 若 volume[i]都为一个值的话，程序要么输出 0，要么输出-1。

（3）

```
01 #include <bits/stdc++.h>
02 using namespace std;
03 #define N 2000005
04 int n,a[N];
05 pair<int,int>dp[N][10],ans;
```

```
06 string s,b="?bessie";
07 pair<int,int> add(pair<int,int> x,pair<int,int> y)
08 {
09     return {x.first+y.first,x.second+y.second};
10 }
11 pair<int,int> Max(pair<int,int> x,pair<int,int> y)
12 {
13     if(x.first==y.first)
14     {
15         if(x.second<y.second)
16             return x;
17         return y;
18     }
19     if(x.first>y.first)
20         return x;
21     return y;
22 }
23 int main()
24 {
25     cin >> s;
26     n=s.size();
27     s=" "+s;
28     for(int i=1;i<=n;i++)
29     {
30         scanf("%d",&a[i]);
31     }
32     for(int i=0;i<=n;i++)
33     {
34         for(int j=0;j<=6;j++)
35         {
36             dp[i][j]={-100,100};
37         }
38     }
39     dp[0][0]={0,0};
40     for(int i=1;i<=n;i++)
41     {
42         dp[i][0]=dp[i-1][0];
43         if(s[i]==b[6])
44             dp[i][0]=Max(dp[i][0],add(dp[i-1][5],{1,0}));
45         for(int j=1;j<=5;j++)
46         {
```

```
47            dp[i][j]=add(dp[i-1][j],{0,a[i]});
48            if(s[i]==b[j])
49                dp[i][j]=Max(dp[i][j],dp[i-1][j-1]);
50        }
51    }
52    for(int i=0;i<=5;i++)
53    {
54        ans=Max(ans,dp[n][i]);
55    }
56    printf("%d %d",ans.first,ans.second);
57 }
```

■ 判断题（每题 2 分）

27. 本题中 ans.second 表示的是满足字符串 bessie 出现次数最少的条件时最大的删除代价和。 ( )

28. 如果将第 6 行代码修改为 string s,b="?beef";，程序将变成求 s 删去若干字符后最多能出现多少个 beef 以及求满足 bessie 出现次数最多的前提下最小的删除代价和。 ( )

■ 选择题

29. dp[i][j].first 的含义是（ ）。

A. 通过删除一些字符，字符串前 i 位匹配到 bessie 的第 j 位的，之前匹配了 dp[i][j].first 个 bessie。

B. 通过删除一些字符，字符串前 i 位匹配到 bessie 的第 j 位的，之前匹配了 dp[i][j].second 个 bessie。

C. 通过删除一些字符，字符串前 i 位有 j 个 bessie，并且最后匹配到字符串 b 的 dp[i][j].first-1 位。

D. 通过删除一些字符，字符串前 i 位有 j 个 bessie，并且最后匹配到字符串 b 的 dp[i][j].first 位。

30. 如果本题中输入：

```
Besgiraffesiebessibessie
1 1 1 1 1 1 1 1 1 1 1 1 1 1 1 1 1 1 1 1 1 1 1 1
```

则程序输出为（ ）。

A. 1 18　　B. 2 13　　C. 1 0　　D. 3 7

31. 对于以下哪种情况，程序可能会发生运行错误或者输出错误答案？（　　）
   A. 输入了一个长度为 0 的字符串。
   B. 输入了一个长度为 200000+2 的字符串，并且数组 a 的平均值不超过 10000。
   C. 输入了一个长度为 200000 的字符串，并且数组 a 的平均值超过 100000。
   D. 输入了一个长度为 200000+100 的字符串，并且 a 都是 1。

32. 下列说法中正确的是（　　）。
   A. 在本段程序中 Max({1,4},{2,3})返回{1,4}。
   B. 将第 36 行代码 dp[i][j]={-100,100};改成 dp[i][j]={-1,1};,程序仍能运行并且输出正确答案。
   C. 在一些情况下，dp[n][6]也可能是正确答案。
   D. 这段代码的时间复杂度是 $O(N\log N)$，其中 N 代表字符串的长度。

三、完善程序（单选题，每小题 3 分，共计 30 分）

（1）题目描述：

你在一条笔直的公路上驾驶汽车，初始位置在数轴上的 0 处，给定汽车油箱容量、初始油量、N 个加油站在数轴上的位置、单位油量价格、到终点的距离，询问驾驶到终点的最小花费。（注意，我们认为汽车刚驶入加油站就没油也算能到达该加油站并能够继续加油，一个单位油量可以行驶一个单位距离。）

```
01 #include <bits/stdc++.h>
02 #define NMAX 50010
03
04 using namespace std;
05
06 struct station {
07     int pos, cost;
08     bool operator<(station const& o) const {
09         return pos < o.pos;
10     }
11 };
12 station stations[NMAX];
13
14 int s[NMAX];
15 int nextSmall[NMAX];
16
```

```
17 int main() {
18     int n, maxGas, curGas, dist;
19     scanf("%d %d %d %d", &n, &maxGas, &curGas, &dist);
20     for (int i = 1; i <= n; i++) {
21         scanf("%d", &stations[i].pos);
22         scanf("%d", &stations[i].cost);
23     }
24     sort(①);
25 
26     int stacklen = 0;
27     for (int i = n; i ; i--) {
28         while (stacklen > 0 && ②) {
29             stacklen--;
30         }
31         nextSmall[i] = (stacklen == 0 ? -1 : s[stacklen-1]);
32         s[stacklen] = i;
33         stacklen++;
34     }
35 
36     curGas -= stations[1].pos;
37     long long cost = 0;
38     for (int i = 1; i <=n ; i++) {
39         if (③) {
40             printf("-1\n");
41             return 0;
42         }
43         int gasNeeded = min(maxGas, (nextSmall[i] == -1 ? dist :
44                         ④) - stations[i].pos);
45         if (gasNeeded > curGas) {
46             cost += ⑤;
47             curGas = gasNeeded;
48         }
49         curGas -= (i == n ? dist : stations[i+1].pos) - stations[i].pos;
50     }
51 
52     if (curGas < 0) {
53         printf("-1\n");
54     } else {
55         printf("%lld\n", cost);
56     }
57 }
```

33. ①处应填（　　）。

A. `stations+1, stations+n`　　B. `stations+1, stations+n+1`

C. `stations, stations+n+1`　　D. `stations, stations+n`

34. ②处应填（　　）。

A. `stations[s[stacklen-1]].cost >= stations[i].cost`

B. `stations[s[stacklen]].cost >= stations[i].cost`

C. `stations[stacklen-1].cost >= stations[i].cost`

D. `stations[stacklen].cost >= stations[i].cost`

35. ③处应填（　　）。

A. `curGas<=0`　　B. `curGas=0`　　C. `curGas<0`　　D. `curGas>0`

36. ④处应填（　　）。

A. `stations[nextSmall[i]].pos`

B. `stations[nextSmall[i-1]].pos`

C. `nextSmall[i]`

D. `nextSmall[i-1]`

37. ⑤处应填（　　）。

A. `(long long)(gasNeeded)*(long long)stations[i].cost`

B. `(long long)(gasNeeded-curGas)*(long long)stations[i].cost`

C. `(long long)(nowneed)*(long long)stations[i].cost`

D. `(long long)(gasNeeded-curGas)*(long long)stations[i+1].cost`

（2）题目描述：

在一台计算机中，1 号文件为根文件，每个文件夹有零个、一个或多个子文件或子文件夹。你需要找到一个文件夹，从这个文件夹出发，访问所有文件的路径长度之和最小。

例如，现在存在三个文件夹 A,B,C 以及五个文件 a,b,c,d,e。A 为根文件夹，有两个文件 a,b 以及一个文件夹 B，文件夹 B 中有文件 c 和文件夹 C，文件夹 C 中有 d,e 两个文件。从文件夹 B 出发，它访问到的文件为（..\表示上级目录）：

```
..\a
..\b
```

```
C
C\d
C\e
```

一个文件访问其上级文件和下级文件的长度均视为 1。

```
01 #include <cstdio>
02 #include <cassert>
03 #include <cstring>
04 #include <vector>
05 using namespace std;
06
07 #define NMAX 100000
08
09 struct Node {
10    bool isFile;
11    vector<Node*> children;
12    int namelen;
13
14    int numLeaves;
15      long long totalSubtreeLen;
16
17    long long total;
18 };
19
20 Node nodes[NMAX];
21
22 int n;
23 int nleaves;
24
25 void dfs1(Node* node) {
26   node->numLeaves = (node->isFile ? 1 : 0);
27   node->totalSubtreeLen = 0;
28   for (Node* child : node->children) {
29     dfs1(child);
30     node->numLeaves += child->numLeaves;
31     node->totalSubtreeLen += child->totalSubtreeLen +①;
32   }
33 }
34
35 void dfs2(Node* node, long long parentlen) {
```

```
36   node->total = ②;
37
38   long long plenadd = 0;
39   for (Node* child : node->children) {
40       plenadd += child->totalSubtreeLen + child->numLeaves *
             (child->namelen + (child->isFile ? 0 : 1));
41   }
42   for (Node* child : node->children) {
43       dfs2(child, parentlen + plenadd -
44           (child->totalSubtreeLen + child->numLeaves *
             (child->namelen + (child->isFile ? 0 : 1)))
45       +③;
46   }
47 }
48
49 int main() {
50   scanf("%d", &n);
51   char name[40];
52   nleaves = 0;
53   for (int i = 0; i < n; i++) {
54     scanf("%s", name);
55     nodes[i].namelen = strlen(name);
56     int numChildren;
57     scanf("%d", &numChildren);
58     // 如果为 0，说明它是一个文件而不是文件夹
59     nodes[i].isFile = ④;
60     if (nodes[i].isFile) {
61       nleaves++;
62     }
63     for (int j = 0; j < numChildren; j++) {
64       int id;
65       scanf("%d", &id);
66       nodes[i].children.push_back(&nodes[id-1]);
67     }
68   }
69
70   assert(!nodes[0].isFile);
71
72   dfs1(&nodes[0]);
73   dfs2(&nodes[0], 0);
74   long long ans = nodes[0].total;
```

```
75   for (int i = 0; i < n; i++) {
76       if (!nodes[i].isFile) {
77           ⑤
78       }
79   }
80   printf("%lld\n", ans);
81 }
```

38. ①处应填（　　）。

A. child->numLeaves

B. child->numLeaves*(child->namelen)

C. child->numLeaves*(child->namelen+(child->isFile?0:1))

D. child->numLeaves*(child->namelen+(child->isFile?0:1)+child->children.size())

39. ②处应填（　　）。

A. parentlen + node->isFile?0:node->totalSubtreeLen

B. parentlen + node->isFile?node->totalSubtreeLen:0

C. parentlen

D. parentlen + node->totalSubtreeLen

40. ③处应填（　　）。

A. 1 * (nleaves - child->numLeaves))

B. 3 * (nleaves - child->numLeaves))

C. 1 * nleaves

D. 3 * nleaves

41. ④处应填（　　）。

A. numChildren>0

B. numChildren==1

C. numChildren=0

D. numChildren==0

42. ⑤处应填（　　）。

A. ans = nodes[i].total;

B. ans = min(ans,nodes[i].total);

C. ans = max(ans,nodes[i].total);

D. ans = -1;

扫码获取
答案解析

提高组 CSP-S 2025 初赛模拟卷 2

一、单项选择题（共 15 题，每题 2 分，共计 30 分；每题有且仅有一个正确选项）

1. 在 NOI Linux 系统终端中，（　　）命令可以用来修改文件名。

   A. mkdir　　B. cp -a　　C. mv　　D. touch

2. 以下关于二叉排序树的表述中，不恰当的一项是（　　）。

   A. 若左子树不空，则其所有结点的值均小于根结点的值

   B. 二叉排序树的根结点一定有最小值或者最大值

   C. 若右子树不空，则其所有结点的值均大于根结点的值

   D. 二叉排序树的左右子树也分别为二叉排序树

3. 计算机病毒最不容易攻击的是（　　）。

   A. 硬盘　　B. 内存　　C. 只读光盘　　D. U 盘

4. 假设我们有以下 C++代码：

```
unsigned char a=143, b=3, c=4;
a<<=2;
int res = a|(b+c>>1);
```

   则 res 的值是（　　）。

   A. 63　　B. 61　　C. 573　　D. 575

5. 使用邻接表表示一个简单有向图，图中包含 n 个顶点、m 条边，则该出边表中边结点的个数为（　　）。

   A. n+m　　B. n*(n-1)　　C. m　　D. n*m

6. （　　）问题不是典型的与动态规划算法相关的问题。

   A. 最长公共子序列　　B. 打水

   C. 多重背包　　D. 最长递增子序列

7. 解决 RMQ 问题通常使用（ ）。
   A. 哈夫曼树 B. 并查集 C. 哈希表 D. 稀疏表

8. 以下关于强连通图的说法中，正确的是（ ）。
   A. 图中一定有环
   B. 每个顶点的度数都大于 0
   C. 对于大于 1 个点的强连通图，任意两个顶点之间都有路径相连
   D. 每个顶点至少都连有一条边

9. 甲乙两人进行比赛，每局比赛获胜的概率相同，均为甲获胜的概率为 0.4，乙获胜的概率为 0.6，现规定两人持续比赛，直到有一方比对方获胜局数多两局时获得一场比赛的胜利，则甲获胜的概率是（ ）。
   A. 2/5 B. 4/9 C. 4/13 D. 1/3

10. 给定地址区间为 `0~12` 的哈希表，哈希函数为 `h(x) = x % 13`，采用二次探查的冲突解决策略（出现冲突后会往后依次探查以下位置：`h(x)`，`h(x)+1²`，`h(x)-1²`，`h(x)+2²`，`h(x)-2²`，`h(x)+3²`，`h(x)-3²` ，`...`）。哈希表初始为空表，依次存储(`26`，`36`，`13`，`18`，`39`，`3`，`0`)后，请问 `0` 存储在哈希表的哪个地址中？（ ）
    A. 7 B. 6 C. 5 D. 9

11. STL 模板中的容器可以分为顺序容器和关联容器，下列选项中，（ ）不属于容器适配器。
    A. `iterator` B. `stack` C. `queue` D. `priority_queue`

12. 下面关于 C++类继承的说法中，错误的是（ ）。
    A. 一个类可以继承多个类
    B. 一个类可以继承另一个类的子类
    C. 一个类可以被多个类继承
    D. 抽象类必须被至少一个类继承，否则会发生编译错误

13. 假设 `G` 是一张有 `m` 个点、`n` 条边的图，小明想找一棵有 `n` 个结点的最小生成树，必须删去若干点和（ ）条边才能将其变成这样的一棵树。
    A. `m-n-1` B. `m+n-1` C. `1` D. `m-n+1`

14. 一只蚂蚁从一个棱长为 2 的正方体的一个顶点出发，沿着棱爬，则其爬过所有棱长且回到出发的顶点的最短路径长是（　　）。

A. 28　　B. 32　　C. 36　　D. 40

15. 二叉堆算法插入操作和删除操作的时间复杂度分别为（　　）。

A. $O(\log n)$、$O(\log n)$　　B. $O(n)$、$O(n)$

C. $O(n)$、$O(\log n)$　　D. $O(\log n)$、$O(n)$

二、阅读程序（程序输入不超过数组或字符串定义的范围；判断题正确填√，错误填×；除特殊说明外，判断题每题 1.5 分，选择题每题 3 分，共计 40 分）

（1）

```
01 #include <bits/stdc++.h>
02
03 using namespace std;
04
05 const int N = 3e5 + 10;
06 const int mod = 1e9 + 7;
07
08 int n, a[N];
09
10 using ii = pair<int, int>;
11
12 int dp[N];
13 int sum[N];
14
15 int main() {
16     ios::sync_with_stdio(0);
17     cin.tie(0);
18     cin >> n;
19     for (int i = 1; i <= n; ++i) cin >> a[i];
20     set<ii> s;
21     sum[0] = 1;
22     for (int i = 1, res = 0; i <= n; ++i) {
23         ii u;
24         while (!s.empty()) {
25             u = (*s.rbegin()); //*rbegin 是反向迭代器
26             if (u.first > a[i]) {
```

```
27                res = (res - dp[u.second] + mod) % mod;
28                s.erase(u);
29            } else break;
30        }
31        if (s.empty()) dp[i] = sum[i - 1];
32        else dp[i] = (res + sum[i-1] - sum[u.second]) % mod;
33        if (dp[i] < 0) dp[i] += mod;
34        sum[i] = (sum[i - 1] + dp[i]) % mod;
35        s.insert({a[i], i});
36        res = (res + dp[i]) % mod;
37    }
38    int ans = 0;
39    for (ii u: s) ans = (ans + dp[u.second]) % mod;
40    cout << ans << endl;
41    return 0;
42 }
```

保证输入 1≤N≤300000，a 是一个排列。

■ **判断题（每题 2 分）**

16. 本段代码的时间复杂度为 $O(N)$。 (　　)

17. 本段代码不可能输出负数。 (　　)

18. 第 19 行代码从++i 改成 i++后，程序仍能正常运行，并且输出结果不变。 (　　)

■ **选择题**

19. 对于输入

```
3
2 3 1
```

程序的输出是（　　）。

A. 1　　B. 2　　C. 3　　D. 4

20. 对于输入

```
4
2 1 4 3
```

程序的输出是（　　）。

A. 2　　B. 4　　C. 6　　D. 8

（2）

```
01 #include <bits/stdc++.h>
02 #define v first
03 #define id second
04 using namespace std;
05
06 typedef long long ll;
07
08 const int N=100010;
09 int n,d,cnt;
10 ll a[N],num[N];
11 int f[N],g[N];
12 typedef pair<int,int> pii;
13
14 pii mx[N<<2];
15
16 pii query(int u,int l,int r,int ql,int qr)
17 {
18     if(ql>qr) return {-1,0};
19     if(ql<=l&&r<=qr) return (mx[u].v?mx[u]:make_pair(-1,0));
20     int mid=(l+r)>>1;
21     if(ql<=mid&&qr>mid) return max(query(u<<1,l,mid,ql,qr),
           query(u<<1|1,mid+1,r,ql,qr));
22     else if(ql<=mid) return query(u<<1,l,mid,ql,qr);
23     else return query(u<<1|1,mid+1,r,ql,qr);
24 }
25
26 void modify(int u,int l,int r,int pos,pii v)
27 {
28     if(l==r) {mx[u]=max(mx[u],v); return;}
29     int mid=(l+r)>>1;
30     if(pos<=mid) modify(u<<1,l,mid,pos,v);
31     else modify(u<<1|1,mid+1,r,pos,v);
32     mx[u]=max(mx[u<<1],mx[u<<1|1]);
33 }
34
35 void print()
36 {
37     int mx=0;
38     for(int i=1;i<=n;i++) if(f[i]>f[mx]) mx=i;
```

```
39     printf("%d\n",f[mx]);
40     vector<int> ans;
41     ans.push_back(mx);
42     while(g[mx]) mx=g[mx],ans.push_back(mx);
43     reverse(ans.begin(),ans.end());
44     for(int x:ans) printf("%d ",x); puts("");
45 }
46
47 int main()
48 {
49     scanf("%d %d",&n,&d);
50     for(int i=1;i<=n;i++)
51     {
52         scanf("%lld",&a[i]);
53         num[i]=a[i];
54     }
55     sort(num+1,num+n+1);
56     cnt=unique(num+1,num+n+1)-num-1;
57     for(int i=1;i<=n;i++)
58     {
59         int x=lower_bound(num+1,num+cnt+1,a[i])-num;
60         int l=upper_bound(num+1,num+cnt+1,a[i]-d)-num-1;
61         int r=lower_bound(num+1,num+cnt+1,a[i]+d)-num;
62         pii ans = max({{0,0}, query(1,1,cnt,1,l),
                        query(1,1,cnt,r,cnt)});
63         f[i]=ans.v+1,g[i]=ans.id;
64         modify(1,1,cnt,x,{f[i],i});
65     }
66     print();
67     return 0;
68 }
```

保证输入数据中 $1 \leqslant n \leqslant 10^5$，$0 \leqslant d \leqslant 10^9$，$1 \leqslant a[i] \leqslant 10^{15}$。

■ **判断题（每题 2 分）**

21. d 非 0 时，第 60 行与第 61 行代码中的 l 与 r 值一定不一样。（　）

22. 第 23 行后应该再加一行代码 else return make_pair(-1,0)，否则在一些情况下，函数不会返回值，导致未定义行为。（　）

■　选择题

23. 这段代码的时间复杂度是（　　）。

A. $O(N)$　　B. $O(N\log N)$　　C. $O(N\log^2 N)$　　D. $O(N^2)$

24. 如果 a[i]的值为 10，d 的值为 3，a 的值为 1 5 6 8 10 12 14 17，那么 l 和 r 的值分别为（　　）。

A. 3 7　　B. 4 7　　C. 3 6　　D. 4 6

25. 以下说法中正确的是（　　）。

A. 如果需要单点修改，区间查询 max 值，在本段代码中也可以使用树状数组，时间复杂度不变。

B. 如果输入合法，在本段代码中，upper_bound(num+1,num+cnt+1,a[i]-d)和 lower_bound(num+1,num+cnt+1,a[i]+d)一定不同。

C. modify(1,1,cnt,x,{f[i],i})这段代码会递归$\lceil \frac{\text{cnt}}{2} \rceil$次。

D. 第 60 行代码中，int 后面的内容可以改成 l=lower_bound(num+1,num+cnt+1,a[i]-d)-num，与原来 l=upper_bound(num+1,num+cnt+1,a[i]-d)-num-1 的作用相同。

（3）

```
01 #include <bits/stdc++.h>
02 #define int long long
03 using namespace std;
04 const int N=5e5+10;
05 vector<int> e[N];
06 int w[N];
07 int L[N],R[N];
08 int n,m,res;
09
10 void add(int a,int b)
11 {
12     e[a].push_back(b),e[b].push_back(a);
13 }
14
15 void dfs(int u,int fa)
16 {
17     vector<int> S;
18     if(u<=m) return;
```

```
19     for(auto v:e[u])
20     {
21        if(v==fa) continue;
22        dfs(v,u);
23        S.push_back(L[v]),S.push_back(R[v]);
24     }
25     sort(S.begin(),S.end());
26     int sz=S.size();
27     if(sz&1) L[u]=R[u]=S[sz/2];
28     else L[u]=S[sz/2-1],R[u]=S[sz/2];
29     for(auto v:e[u])
30     {
31        if(v==fa) continue;
32        if(L[u]>R[v]) res+=L[u]-R[v];
33        else if(L[u]<L[v]) res+=L[v]-L[u];
34        else res+=0;
35     }
36 }
37
38 signed main()
39 {
40     ios::sync_with_stdio(false),cin.tie(0),cout.tie(0);
41     cin>>n>>m;
42     for(int i=1,a,b;i<n;i++)
43     {
44        cin>>a>>b;
45        add(a,b);
46     }
47     for(int i=1;i<=m;i++) cin>>w[i],L[i]=R[i]=w[i];
48     if(n==2)
49     {
50        cout<<abs(w[1]-w[2])<<"\n";
51        return 0;
52     }
53     dfs(m+1,0);
54     cout<<res<<"\n";
55     return 0;
56 }
```

题目保证输入是一棵树，其中叶子结点标号为[1,M]，2≤M≤N≤500000，其他读入的数据均不会大于 500000。

■ **判断题（每题2分）**

26. 不考虑 vector 的复杂度，这段代码的时间复杂度为 $O(N)$。（ ）
27. 删除第 28 行代码，并删除第 27 行代码，程序仍然可以输出相同的结果。（ ）
28. 当 n=2 的时候，程序输出不会大于 500000。（ ）

■ **选择题**

29. 本段代码中 res 可能达到的最大值为多少？（ ）

A. 250000000000　　B. 125000000000

C. 124999250001　　D. 62500000000

30. 假如 n=5，m=3，w[1]=10，w[2]=20，w[3]=30，在程序正确运行的前提下，理论上本题 res 的最小值是多少？（ ）

A. 20　　B. 15　　C. 10　　D. 5

31. 以下说法中正确的是（ ）。

A. 本段代码中每次 sort 的复杂度最大为 $O(n\log n)$，因此，该程序的复杂度为 $O(n^2\log n)$。

B. 本段代码中的 dfs(m+1,0)改成 dfs(1,0)，结果不变。

C. 如果读入 n 条边，程序一定会读入一个环，导致 dfs 过程出现死循环。

D. 如果给定的是一条链，则输出一定是|w[1]-w[2]|。

三、完善程序（单选题，每小题 3 分，共计 30 分）

（1）题目描述：

给定一个只有左右括号的字符串，然后用 H、G 两种字符来标记这个序列，所有标记 H 的括号可以组成一个正确的括号序列，所有标记 G 的括号也组成一个正确的括号序列，然后输出这种标记方案的总数 mod 2012 的值。可以用一个 dp 来解决问题。

```
01 #include <iostream>
02 #include <cstring>
03 #include <cmath>
04 #include <cstdio>
05 
06 using namespace std;
07 
08 const int mod=2012;
```

```
09 char s[1005];
10 int n,f[1005][1005],g[1005][1005];
11
12 int main()
13 {
14     scanf("%s",s+1);
15     n=①;
16     int oo=0;
17     f[0][0]=1;
18     for(int i=1;i<=n;++i)
19     {
20         if(s[i]=='(')
21         {
22             oo++;
23             for(int j=0;j<=oo;++j)
24             {
25                 if(j) g[j][oo-j] = (g[j][oo-j] + f[j-1][oo-j])%mod;
26                 if(oo-j) ②;
27             }
28         }
29         else if(s[i]==')')
30         {
31             ③;
32             for(int j=0;j<=oo;++j)
33             {
34                 g[j][oo-j]=④;
35                 g[j][oo-j]=(g[j][oo-j]+f[j][oo-j+1])%mod;
36             }
37         }
38         for(int j=0;j<=oo;++j) ⑤;
39     }
40     printf("%d",f[0][0]);
41     return 0;
42 }
```

32. ①处应填（　　）。

A. strlen(s)　　B. strlen(s+1)　　C. strlen(s)+1　　D. strlen(s+1)-1

33. ②处应填（　　）。

A. g[j][oo-j] = (g[j][oo-j] + f[j][oo-j-1]) % mod

B. `g[j][oo-j] = (g[j][oo-j] + f[j-1][oo-j]) % mod`

C. `g[j][oo-j] = (g[j][oo-j] + f[j][oo-j]) % mod`

D. `g[j][oo-j] = (g[j][oo-j] + f[j-1][oo-j-1]) % mod`

34. ③处应填（　　）。

A. `oo++`　　B. `oo--`　　C. `oo=0`　　D. `oo=n`

35. ④处应填（　　）。

A. `(g[j][oo-j] + f[j][oo-j+1]) % mod`

B. `(g[j][oo-j] + f[j][oo-j]) % mod`

C. `(g[j][oo-j] + f[j+1][oo-j+1]) % mod`

D. `(g[j][oo-j] + f[j+1][oo-j]) % mod`

36. ⑤处应填（　　）。

A. `f[j][oo-j] = g[j][oo-j], g[j][oo-j] = 0`

B. `f[j][oo-j+1] = g[j][oo-j], g[j][oo-j] = 0`

C. `f[j][j] = g[j][oo-j], g[j][oo-j] = 0`

D. `f[j][j+1] = g[j][oo-j], g[j][oo-j] = 0`

（2）题目描述：

对 n 个单词进行加密，过程如下。

选择一个英文字母表的排列作为密钥。

将单词中的 a 替换为密钥中的第一个字母，b 替换为密钥中的第二个字母，以此类推。

请你构造一组密钥，使得对所有单词加密并且按照字典序升序排列后，最初的第 ai 个单词位于第 i 个位置，如果不能，输出 NE，否则输出 DA 并且下一行输出一种可行的密钥。

可以想到，如果把字典序限制看成一条有序边，可以按照拓扑排序来分配密钥，如果出现环，则说明无解。

```
01 #include <bits/stdc++.h>
02 
03 #define LL  long long
04 using namespace std;
05 
06 const LL M1=300,M2=30;
07 LL n;
08 string a[M1],a_sort[M1];
```

```
09 LL du[M1];
10 queue<LL>qu;
11 vector<LL>ve[M2];
12 LL ans[M2];
13
14 int main() {
15     cin>>n;
16     for(LL i=1;i<=n;i++) cin>>a[i];
17     for(LL i=1;i<=n;i++) {
18         LL b;
19         cin>>b;
20         ①;
21     }
22
23     for(LL i=1;i<n;i++) {
24         bool flag=true;
25         for(LL j=0;j<②;j++)
26             if(a_sort[i][j]!=a_sort[i+1][j]) {
27                 ③;
28                 du[a_sort[i+1][j]-'a']++;
29                 flag=false;
30                 break;
31             }
32         if(flag&&④) {
33             cout<<"NE";
34             return 0;
35         }
36     }
37
38     for(LL i=0;i<26;i++) if(du[i]==0) qu.push(i);
39
40     LL cnt=0;
41     while(!qu.empty()) {
42         LL v=qu.front();
43         qu.pop();
44         ans[v]=cnt;
45         cnt++;
46         for(LL i=0;i<(LL)ve[v].size();i++) {
47             du[ve[v][i]]--;
48             if(⑤) qu.push(ve[v][i]);
49         }
```

```
50     }
51
52     if(cnt!=26) cout<<"NE";
53     else {
54         cout<<"DA"<<endl;
55         for(LL i=0;i<26;i++) {
56             cout<<(char)(ans[i]+'a');
57         }
58     }
59     return 0;
60 }
```

37. ①处应填（　　）。

A. a_sort[i]=a[b]　　B. a_sort[i]=a[i]

C. a_sort[b]=a[b]　　D. a_sort[b]=a[i]

38. ②处应填（　　）。

A. a_sort[i].size()

B. a_sort[i+1].size()

C. min(a_sort[i].size(), a_sort[i+1].size())

D. max(a_sort[i].size(), a_sort[i+1].size())

39. ③处应填（　　）。

A. ve[a_sort[i][j]-'a'].push_back(a_sort[i][j]-'a')

B. ve[a_sort[i][j]-'a'].push_back(a_sort[i+1][j]-'a')

C. ve[a_sort[i+1][j]-'a'].push_back(a_sort[i][j]-'a')

D. ve[a_sort[i+1][j]-'a'].push_back(a_sort[i+1][j]-'a')

40. ④处应填（　　）。

A. a_sort[i].size()>=a_sort[i+1].size()

B. a_sort[i].size()<=a_sort[i+1].size()

C. a_sort[i].size()>a_sort[i+1].size()

D. a_sort[i].size()<a_sort[i+1].size()

41. ⑤处应填（　　）。

A. !du[ve[v][i]]　　B. du[ve[v][i]]

C. ~du[ve[v][i]]　　D. -du[ve[v][i]]

提高组 CSP-S 2025 初赛模拟卷 3

扫码获取答案解析

一、单项选择题（共 15 题，每题 2 分，共计 30 分；每题有且仅有一个正确选项）

1. 下面这段代码属于哪个算法的核心代码？（　　）

```
int primes[N], cnt;
bool v[N];
void get_primes(int n)
{
    for (int i = 2; i <= n; i++)
    {
        if (!v[i])
            primes[cnt++] = i;
        for (int j = 0; i*primes[j] <= n; j++)
        {
            v[primes[j] * i] = true;
            if (i % primes[j] == 0)
                break;
        }
    }
}
```

A. 埃氏筛法　　B. 欧拉筛算法　　C. 分解质因数　　D. 中国剩余定理

2. 在 Linux 操作系统中，以下哪个命令的作用是分页显示普通文本类型文件 CSP？（　　）

A. `vi csp`　　B. `more csp`　　C. `cat csp`　　D. `ls csp`

3. 下列不属于视频文件格式的是（　　）。

A. MPEG　　B. JPEG　　C. AVI　　D. WMV

4. 已知 q 为 `int` 类型变量，p 为 `int *`类型变量，下列赋值语句中不符合语法的是（　　）。

A. `+q = *p;`　　B. `*p = +q;`

C. `q = *(p + q);`　　D. `*(p + q) = q;`

5. 下列关于有向图和无向图的说法中，错误的是（　　）。

A. n 个顶点的弱连通有向图最少有 n-1 条边

B. n 个顶点的强连通有向图最少有 n 条边

C. n 个顶点的简单有向图最多有 n*(n-1)条边

D. n 个顶点的简单无向图最多有 n*(n-1)/2 条边

6. 前序遍历和中序遍历相同的二叉树为且仅为（　　）。

A. 只有一个结点的独根二叉树

B. 根结点没有右子树的二叉树

C. 非叶子结点只有右子树的二叉树

D. 非叶子结点只有左子树的二叉树

7. 以下哪个命令，在 NOI Linux 环境下能将一个名为 csp.cpp 的 C++源文件编译并生成一个名为 csp 的可执行文件？（　　）

A. g++ csp.exe -o csp.cpp

B. g++ -o csp.cpp csp

C. g++ -o csp csp.cpp

D. g++ csp.bat -o csp.cpp

8. 集合 U = {1, 2, 3, 4, 5, 6, 7, 8, 9, 10}，则 U 的元素两两互质的三元子集个数为（　　）。

A. 42　　B. 35　　C. 36　　D. 45

9. 以下关于排序算法的说法中错误的是（　　）。

A. 堆排序在最好和最坏情况下的时间复杂度都是 $O(n\log n)$

B. 归并排序在最好和最坏情况下的时间复杂度都是 $O(n\log n)$

C. 拓扑排序从入度为 0 的结点开始

D. 快速排序在最好和最坏情况下的时间复杂度都是 $O(n\log n)$

10. 以下哪种算法不属于贪心算法？（　　）

A. 迪杰斯特拉算法

B. KMP

C. Kruskal

D. 哈夫曼算法

11. 下列选项中，哪个不可能是下图的深度优先遍历序列？（　　）

A. 1, 5, 7, 8, 9, 4, 2, 3, 6

B. 1, 4, 7, 8, 9, 5, 2, 3, 6

C. 1, 2, 3, 5, 7, 8, 6, 9, 4

D. 1, 2, 3, 6, 9, 8, 5, 7, 4

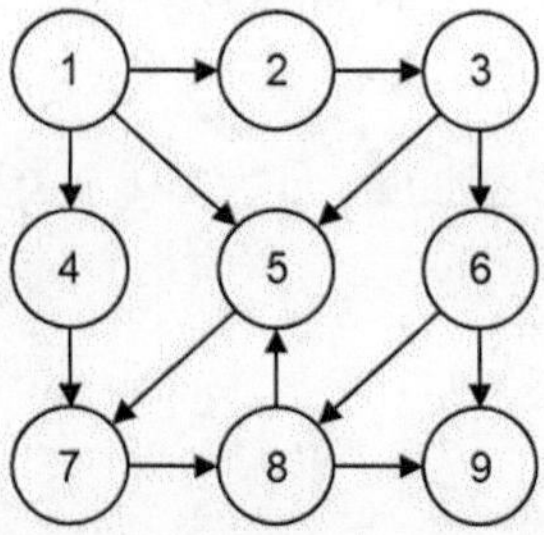

12. 下面 new_mem 函数的时间复杂度为（　　）。

```
int mem[8192];
void new_mem(int n)
{
    for (int i = 1; i <= n; i++)
        mem[i] = i;
    for (int i = 2; i <= n; i++)
        for (int j = i; j <= n; j += i)
            mem[j]--;
}
```

A. $O(n^2)$　　B. $O(n)$　　C. $O(n\log n)$　　D. $O(\log n)$

13. 以下关于动态规划算法的说法中，错误的是（　　）。

A. 递推实现动态规划算法的时间复杂度总是不低于递归实现

B. 动态规划算法有递推和递归两种实现形式

C. 动态规划算法将原问题分解为一个或多个相似的子问题

D. 动态规划算法具有无后效性

14. 由 50 支队伍进行排球单循环比赛，胜一局积 1 分，负一局积 0 分，且任取 27 支队伍能找到一个全部战胜其余 26 支队伍的队伍和一支全部负于其余 26 支队伍的队伍，问这 50 支队伍总共最少有（　　）种不同的积分。

A. 51　　B. 50　　C. 49　　D. 48

15. 一个简单无向图有 9 个顶点、6 条边。在最坏情况下，至少增加（　　）条边可以使其连通。

A. 3　　B. 4　　C. 5　　D. 6

二、阅读程序（程序输入不超过数组或字符串定义的范围；判断题正确填√，错误填×；除特殊说明外，判断题每题 1.5 分，选择题每题 3 分，共计 40 分）

（1）

```
01 #include <iostream>
02 #include <algorithm>
03 #include <queue>
04 using namespace std;
```

```
05 typedef long long ll;
06 const ll MAXN=2e5+5;
07 ll n,m,k;
08 struct node {
09     ll w,num;
10     bool operator<(const node&K)const {
11         return w>K.w;
12     }
13 } a[MAXN];
14 priority_queue<node>q;
15 int main() {
16     ios::sync_with_stdio(false);
17     cin>>n>>m>>k;
18     for(int i=1;i<=n;++i) {
19         cin>>a[i].w>>a[i].num;
20     }
21     sort(a+1,a+n+1);
22     q.push({-100000000000,m});
23     ll ans=0;
24     for(int i=n;i>=1;--i) {
25         ll v=0;
26         while(!q.empty()) {
27             node t=q.top();
28             q.pop();
29             if(t.w+k>a[i].w) {
30                 q.push(t);
31                 break;
32             }
33             if(t.num>=a[i].num) {
34                 ans+=a[i].num;
35                 q.push(a[i]);
36                 if(t.num>a[i].num) {
37                     t.num-=a[i].num;
38                     q.push(t);
39                 }
40                 break;
41             }
42             v+=t.num;
43             ans+=t.num;
44             a[i].num-=t.num;
```

```
45          }
46          if(v) {
47              q.push({a[i].w,v});
48          }
49      }
50      cout<<ans<<endl;
51      return 0;
52 }
```

假设输入都是合法的，回答下列问题。

■ **判断题**

16. cout<<endl 会强行刷新缓存区，在换行较多的情况下会比 cout<<'\n'更慢。（ ）

17. priority_queue 位于头文件 algorithm 中。（ ）

18. 该程序中，node 经过 sort 后按照 w 的值从小到大排序。（ ）

19. 交换第 33 行代码和第 36 行代码，程序在任意输入数据下输出不变。（ ）

■ **选择题**（每题 2 分）

20. 若输入

```
3 5 2
9 4
7 6
5 5
```

则本程序的输出是（ ）。

A. 9　　B. 10　　C. 14　　D. 15

21. 这段程序的时间复杂度为（ ）。

A. $O(1)$　　B. $O(N)$　　C. $O(N\log N)$　　D. $O(N\log^2 N)$

（2）

```
01 #include <bits/stdc++.h>
02 using namespace std;
03
04 const int N=2e5+5;
05 const int M=3e5+5;
06
```

```
07 struct edge {
08     int u,v,w;
09 } e[M];
10 inline bool cmp(edge aa,edge bb) {return aa.w>bb.w;}
11
12 int f[N];
13 int find(int x) {return x==f[x]?x:f[x]=find(f[x]);}
14
15 vector<int> mp[N];
16 int n,m,x,y,z,q,cnt;
17 int val[N],fa[N],dep[N],top[N],son[N],tot[N];
18
19 void dfs1(int u)
20 {
21     tot[u]=1,dep[u]=dep[fa[u]]+1;
22     int siz=mp[u].size();
23     for(int i=0;i<siz;++i)
24     {
25         int v=mp[u][i];
26         if(v==fa[u]) continue;
27         fa[v]=u,dfs1(v);
28         tot[u]+=tot[v];
29         if(tot[v]>tot[son[u]]) son[u]=v;
30     }
31 }
32 void dfs2(int u,int Top)
33 {
34     top[u]=Top;
35     if(!son[u]) return;
36     dfs2(son[u],Top);
37     int siz=mp[u].size();
38     for(int i=0;i<siz;++i)
39     {
40         int v=mp[u][i];
41         if(!top[v]) dfs2(v,v);
42     }
43 }
44
45 int lca(int u,int v)
46 {
47     while(top[u]!=top[v])
```

```
48     {
49         if(dep[top[u]]<dep[top[v]]) swap(u,v);
50         u=fa[top[u]];
51     }
52     return dep[u]<dep[v]?u:v;
53 }
54
55 void kruskal()
56 {
57     sort(e+1,e+m+1,cmp);
58     for(int i=1;i<=n;++i) f[i]=i;
59     for(int i=1;i<=m;++i)
60     {
61         int u=find(e[i].u),v=find(e[i].v);
62         if(u==v) continue;
63         val[++cnt]=e[i].w;
64         f[cnt]=f[u]=f[v]=cnt;
65         mp[u].push_back(cnt),mp[v].push_back(cnt);
66         mp[cnt].push_back(u),mp[cnt].push_back(v);
67     }
68     for(int i=1;i<=cnt;++i)
69     {
70         if(tot[i]) continue;
71         int rt=find(i);
72         dfs1(rt),dfs2(rt,rt);
73     }
74 }
75
76 int main()
77 {
78     scanf("%d %d %d",&n,&m,&q);
79     cnt=n;
80     for(int i=1;i<=m;++i)
81     {
82         scanf("%d %d %d",&e[i].u,&e[i].v,&e[i].w);
83     }
84     kruskal();
85     while(q--)
86     {
87         scanf("%d %d",&x,&y);
88         if(find(x)!=find(y)) printf("-1\n");
```

```
89        else printf("%d\n",val[lca(x,y)]);
90     }
91     return 0;
92 }
```

假设输入数据满足 2≤n,q≤2×10⁵,1≤m≤3×10⁵,1≤ui,vi,xi,yi≤n,1≤wi≤10⁶,ui≠vi，xi≠yi。回答下列问题。

■ 判断题

22. 两次 dfs 的目的在于，针对每个结点计算其所有子结点所构成子树的大小，进而找出子树大小最大的子结点，从而寻找 lca。lca 就是两点之间 wi 的最小值。（ ）
23. 本段代码中 N 的范围错误，应该开至两倍大小。（ ）
24. （2 分）本段代码的并查集不可以用于可撤销操作。（ ）

■ 选择题

25. 若输入为

```
5 4 3
1 2 5
2 3 6
3 4 1
1 4 3
1 5
2 4
1 3
```

则程序输出为（ ）。

A. -1 3 5 B. 0 3 5 C. -1 5 5 D. -1 5 1

26. 本段代码中，如果把并查集改为按秩合并+路径压缩并查集，则代码的时间复杂度（ ）。

A. 降低 B. 不变 C. 升高 D. 是随机值

27. （4 分）以下说法中不正确的是（ ）。

A. 既然已经保证 ui≠vi，则第 62 行代码可以删除。

B. 第 41 行的 if 语句与 v!=son[u]等价。

C. 第 88 行，如果考虑 x=y 的情况，那么程序只能输出-1。

D. 第 71 行和第 72 行语句只会执行一次，因为很显然在 dfs 之前 tot 都为 0，而一次 dfs 之后都为 1，一直 continue。

(3)

```
01 #include <bits/stdc++.h>
02 using namespace std;
03
04 const int N=1e5+10;
05 int n,k,ans,val[N],L[N],R[N];
06 vector<int> vec;
07 struct BIT
08 {
09     int C[N];
10     inline void add(int x,int y) {for(;x<=n;x+=x&-x) C[x]=max(C[x],y);}
11     inline int query(int x)
12     {
13         int ans=0;
14         for(;x;x-=x&-x) ans=max(ans,C[x]);
15         return ans;
16     }
17 } le,re,s;
18 int main()
19 {
20     scanf("%d%d",&n,&k);
21     val[0]=1;val[n+1]=n+1;
22     for(int i=1;i<=n;i++)  scanf("%d",&val[i]);
23     for(int i=1;i<=n;i++)  vec.push_back(val[i]);
24     sort(vec.begin(),vec.end());
25     vec.erase(unique(vec.begin(),vec.end()),vec.end());
26     for(int i=1;i<=n;i++)
27         val[i]=lower_bound(vec.begin(),vec.end(),val[i])-
               vec.begin()+1;
28     for(int i=1;i<=n;i++)
29     {
30         L[i]=le.query(val[i])+1;
31         le.add(val[i],L[i]);
32     }
33     for(int i=n;i>=1;i--)
34     {
35         R[i]=re.query(n-val[i]+1)+1;
36         re.add(n-val[i]+1,R[i]);
37     }
38     for(int i=k+1;i<=n+1;i++)
```

```
39    {
40        s.add(val[i-k-1],L[i-k-1]);
41        ans=max(ans,s.query(val[i])+k+R[i]);
42    }
43    printf("%d",ans);
44    return 0;
45 }
```

假设输入数据均合法，1≤k≤n≤10^5，1≤val[i]≤10^6，回答下列问题。

■ **判断题（每题 2 分）**

28. 对于一个 int 类型的正整数 x 来说，lowbit(x)<=x。（　　）
29. 之所以将 val[n+1] 设置为 n+1 而不是 1e6+1，是因为无论设置为什么值，这个位置都不会被访问。（　　）
30. 在 1≤i≤n 时，L[i]+R[i] 有可能比答案更大。（　　）
31. 本段代码的时间复杂度是 $O(n\log n)$。（　　）

■ **选择题**

32. 若输入

```
5 1
1 4 2 8 5
```

则程序输出为（　　）。

A. 2　　B. 3　　C. 4　　D. 5

33. （4 分）下列说法中正确的是（　　）。

A. 如果 n 变大 100 倍，其他条件不变，则 C 也要开大 100 倍空间。

B. 这段代码的复杂度不是 $O(n\log n)$，而是 $O(n^2)$，因为 vector 的 erase 函数的复杂度是 $O(n)$，而里面嵌套的 unique 也是 $O(n)$，只不过这段代码的常数很小，因此能跑通 10 万。

C. ans 最大和 val 一样，最大为 1e6。

D. 第 27 行 val[i]=lower_bound(vec.begin(),vec.end(),val[i])-vec.begin()+1，在这里用 val[i]=upper_bound(vec.begin(),vec.end(),val[i])-vec.begin()+1 得到的结果一定与前者不同。

三、完善程序（单选题，每小题 3 分，共计 30 分）

（1）题目描述：

给定一棵树，边形如(ui, vi)。维护以下操作：

op = 1，指定一条边，将所有从 ui 出发、不经过这条边就能到达的点的点权加 k；

op = 2，指定一条边，将所有从 vi 出发、不经过这条边就能到达的点的点权加 k。

输出最终每个点的点权。初始点权为 0。

```
01 #include <bits/stdc++.h>
02 #define int long long
03 using namespace std;
04 const int N=410000;
05 int u[N],v[N],depth[N],chafen[N],ans[N];
06 int n,q;
07 vector <int> mp[N];
08 void depdfs(int x,int fa,int dep)
09 {
10     depth[x]=dep;
11     for (int i=0;i<mp[x].size();i++)
12     {
13         int pt=mp[x][i];
14         if (pt!=fa) depdfs(pt,x,dep+1);
15     }
16 }
17 void chafendfs(int x,int fa,int v)
18 {
19     ①
20     ans[x]=v;
21     for (int i=0;i<mp[x].size();i++)
22     {
23         int pt=mp[x][i];
24         if (pt!=fa) chafendfs(pt,x,v);
25     }
26 }
27 signed main()
28 {
29     scanf ("%lld",&n);
30     for (int i=1;i<n;i++)
31     {
```

```
32          scanf ("%lld%lld",u+i,v+i);
33          ②
34      }
35      ③
36      scanf ("%lld",&q);
37      for (int i=1;i<=q;i++)
38      {
39          int op,e,val;
40          scanf ("%lld%lld%lld",&op,&e,&val);
41          int ch,nch,chd,nchd;
42          if (op==1)
43          {
44              ch=u[e],nch=v[e];
45              chd=depth[ch],nchd=depth[nch];
46              if (chd<nchd) ④
47              else chafen[ch]+=val;
48          }
49          if (op==2)
50          {
51              ⑤
52              chd=depth[ch],nchd=depth[nch];
53              if (chd<nchd) chafen[1]+=val,chafen[nch]-=val;
54              else chafen[ch]+=val;
55          }
56      }
57      chafendfs (1,0,0);
58      for (int i=1;i<=n;i++) printf ("%lld\n",ans[i]);
59      return 0;
60  }
```

34. ①处应填（　　）。

A. `v+=chafen[x];`　　B. `v-=chafen[x];`

C. `x+=chafen[v];`　　D. `x-=chafen[v];`

35. ②处应填（　　）。

A. `mp[u[i]].push_back(v[i]);`

B. `mp[v[i]].push_back(u[i]);`

C. `mp[u[i]].push_back(v[i]); mp[v[i]].push_back(u[i]);`

D. `mp[v[i]].push_back(v[i]); mp[u[i]].push_back(u[i]);`

36. ③处应填（　　）。

A. depdfs (0,0,0);　　B. depdfs (0,0,1);

C. depdfs (2,0,0);　　D. depdfs (1,0,1);

37. ④处应填（　　）。

A. chafen[1]-=val,chafen[nch]+=val;

B. chafen[1]+=val,chafen[nch]+=val;

C. chafen[1]-=val,chafen[nch]-=val;

D. chafen[1]+=val,chafen[nch]-=val;

38. ⑤处应填（　　）。

A. ch=v[e], nch=v[e];　　B. ch=v[e], nch=u[e];

C. ch=u[e], nch=v[e];　　D. ch=u[e], nch=u[e];

（2）题目描述：

给定 2n 个数排成两排（每个数在 2n 个数中最多出现两次），一次操作可以交换任意一列中的两个数，求使每行中的数不重复的最少操作数。

```
01 #include <bits/stdc++.h>
02 using namespace std;
03 const int MAXN=50050;
04 int N,h[MAXN],to[MAXN<<1],nxt[MAXN<<1],tp[MAXN<<1],tot;
05 int vis1[MAXN<<1],vis2[MAXN<<1];
06 int type[MAXN],sum[MAXN];
07 int ans;
08 inline void add(int u,int v,int t) {
09     to[++tot]=v,nxt[tot]=h[u],tp[tot]=t,h[u]=tot;
10 }
11
12 pair<int,int> get(int x) {
13     if(vis2[x]) return make_pair(①);
14     else if(vis1[x]) return make_pair(1,vis1[x]);
15     else return ②;
16 }
17 int dfs(int x,int fa) {
18     sum[x]=1;
19     int res=③;
20     for(int i=h[x];i;i=nxt[i]) {
```

```
21          if(sum[to[i]]) continue;
22          type[to[i]]=④;
23          res+=dfs(to[i],x);sum[x]+=sum[to[i]];
24      }
25      return res;
26  }
27  int sol(int x) {
28      type[x]=1;
29      int now=dfs(x,x);
30      return min(now,sum[x]-now);
31  }
32
33  int main()
34  {
35      scanf("%d",&N);
36      for(int i=1;i<=N;++i) {
37          int d;scanf("%d",&d);
38          pair<int,int> temp=get(d);
39          if(temp.first) {
40              add(i,temp.second,1),add(temp.second,i,1);
41          }
42          vis1[d]=i;
43      }
44      for(int i=1;i<=N;++i) {
45          int d;scanf("%d",&d);
46          pair<int,int> temp=get(d);
47          if(temp.first==2) {
48              add(i,temp.second,1),add(temp.second,i,1);
49          }
50          else if(temp.first==1) {
51              ⑤
52          }
53          vis2[d]=i;
54      }
55      for(int i=1;i<=N;++i) {
56          if(!sum[i]) ans+=sol(i);
57      }
58      printf("%d\n",ans);
59
60      return 0;
61  }
```

39. ①处应填（　　）。

A. 0,vis2[x]　　B. 1,vis2[x]　　C. 2,vis2[x]　　D. 3,vis2[x]

40. ②处应填（　　）。

A. 0　　B. (0,0)

C. make_pair(0,0)　　D. pair<int>(0,0)

41. ③处应填（　　）。

A. type[x]|1　　B. type[x]&1　　C. ~type[x]　　D. !type[x]

42. ④处应填（　　）。

A. type[x]　　B. type[x]^type[fa]

C. type[i]　　D. type[i]^type[x]

43. ⑤处应填（　　）。

A. add(i,temp.second,0), add(temp.second,i,1);

B. add(i,temp.second,0), add(temp.second,i,0);

C. add(i,temp.second,1), add(temp.second,i,1);

D. add(i,temp.second,1), add(temp.second,i,0);

扫码获取答案解析

提高组 CSP-S 2025 初赛模拟卷 4

一、单项选择题（共 15 题，每题 2 分，共计 30 分；每题有且仅有一个正确选项）

1. 已知小写字母 a 的 ASCII 码为 97，下列 C++代码的输出结果是（　　）。

```
#include <iostream>
using namespace std;
int main()
{
    char a = 'a';
    a++;
    cout << a;
    return 0;
}
```

A. a　　B. b　　C. 97　　D. 98

2. 以下代码段的时间复杂度是（　　）。

```
void Merge(int a[], int left, int mid, int right) {
    int temp[right - left + 1];
    int i = left, j = mid + 1, k = 0;
    while (i <= mid && j <= right) {
        if (a[i] < a[j])  temp[k++] = a[i++];
        else              temp[k++] = a[j++];
    }
    while (i <= mid)      temp[k++] = a[i++];
    while (j <= right)    temp[k++] = a[j++];
    for (int m = left, n = 0; m <= right; m++, n++)
        a[m] = temp[n];
}
void Merge_Sort(int a[], int left, int right) {
    if (left == right)    return;
    int mid = (left + right) / 2;
    Merge_Sort(a, left, mid);
    Merge_Sort(a, mid + 1, right);
    Merge(a, left, mid, right);
}
```

A. $O(n\log n)$　　B. $O(n)$　　C. $O(\log n)$　　D. $O(n^2)$

3. 以下哪个方案可以合理解决或缓解哈希表冲突？（　　）

A. 弃用发生冲突的新元素

B. 用新元素覆盖发生冲突的元素

C. 用新元素覆盖冲突位置的下一个位置

D. 将新元素放置在冲突位置之后的第一个空位

4. 在数组 `H[x]`中，若存在`(i < j) && (H[i] > H[j])`，则称`(H[i], H[j])`为数组 `H[x]`的一个逆序对。对于序列 `17, 14, 11, 29, 3, 16, 18, 15`，其中有（　　）个逆序对。

A. 13　　B. 11　　C. 12　　D. 14

5. 以下（　　）操作不属于 STL 模板优先队列的操作函数。

A. `push`　　B. `pop`　　C. `erase`　　D. `size`

6. 以下选项中，（　　）没有涉及 C++语言的面向对象特性。

A. 在 C++中构造一个类或结构体

B. 在 C++的排序应用中调用 `sort` 函数

C. 在 C++中调用用户定义的类成员

D. 在 C++中构造来源于同一基类的多个派生子类

7. $(2023)_{10}+(2025)_{16}$和以下哪个选项相等？（　　）

A. $(10252)_{10}$　　B. $(280A)_{16}$　　C. $(24012)_{8}$　　D. $(24016)_{8}$

8. 三个互不相等的正整数的最大公约数为 20，最小公倍数为 20000，那么这样的不同的正整数组的个数为（　　）。

A. 42　　B. 48　　C. 50　　D. 52

9. 关于排序算法，下面的说法中哪个是错误的？（　　）

A. 堆排序和桶排序不一样，堆排序是基于比较的

B. 堆排序不是一个稳定的排序算法

C. 堆排序和快速排序在最坏情况下的时间复杂度都是 $O(n^2)$

D. 删除堆顶元素，需要交换堆顶元素和最后一个元素，并重新调整

10. 假设用 V = (d1, d2, d3, d4, d5, d6, d7)来表示某无向图的 7 个顶点的度数，下面给出的哪组 V 值是非法的？（　　）

A. {5,3,3,3,3,2,2}　　B. {3,2,3,2,3,6,3}

C. {2,3,2,3,2,3,3}　　D. {1,1,3,4,3,3,3}

11. 与图论有关的典型算法中不能处理负权值的是（　　）。

A. 弗洛伊德算法　B. Tarjan 算法　C. SPFA 算法　D. 迪杰斯特拉算法

12. 有如下代码：

```
#include <iostream>
using namespace std;
const int MAXN=10;

int dp[MAXN][MAXN];
int main()
{
    for (int i = 1; i < MAXN; ++i) dp[i][0] = i;
    for (int j = 1; j < MAXN; ++j) dp[0][j] = j;
    for (int i = 1; i < MAXN; ++i)
        for (int j = 1; j < MAXN; ++j)
            dp[i][j] = dp[i-1][j] + dp[i][j-1];
    cout << 2 * dp[8][4] + 1 << "\n";
    return 0;
}
```

则程序输出的结果为（　　）。

A. 2021　B. 2023　C. 2025　D. 2027

13. 下列选项中，哪个可能是下图的广度优先遍历序列？（　　）

A. 1, 3, 5, 7, 4, 2, 6, 8, 9

B. 9, 4, 2, 1, 3, 7, 5, 6, 8

C. 1, 3, 5, 7, 6, 8, 9, 4, 2

D. 9, 4, 7, 2, 1, 3, 5, 6, 8

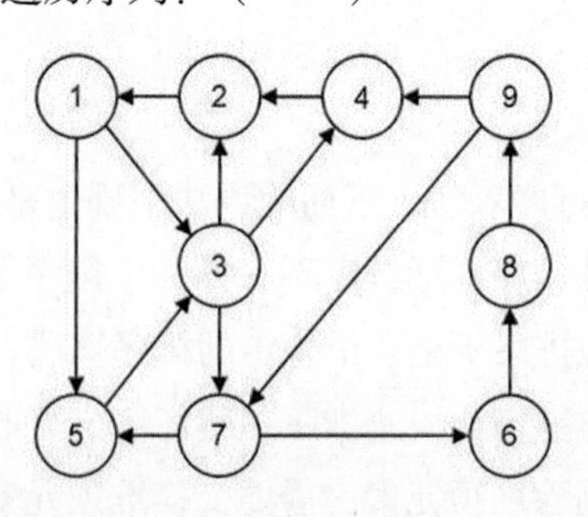

14. 从 1 到 20 中任取两个数 a 和 b，a+b 不是 3 的倍数的不同取法有（　　）种。

A. 180　B. 126　C. 150　D. 175

15. 某班级有 n 位同学，编号从 1 到 n，联欢晚会抽奖时从 1 到 n 号中抽出两位同学获得特等奖，现在抽出的两位同学的编号之和为 5 的概率为 1/14，则 n 为（　　）。

A. 10　　B. 9　　C. 8　　D. 7

二、阅读程序（程序输入不超过数组或字符串定义的范围；判断题正确填√，错误填×；除特殊说明外，判断题每题 1.5 分，选择题每题 3 分，共计 40 分）

（1）

```
01 #include <bits/stdc++.h>
02
03 using namespace std;
04
05 const int N = 3e5 + 5, mod = 1e9 + 7;
06 int n, m, a[N], sum[N], lsh[N], f[N];
07 inline int mod_add(int x, int y) {
08     x += y;
09     return x >= mod ? x - mod : x;
10 }
11 struct BIT {
12     int c[N];
13     inline void modify(int x, int k) {
14         while (x <= m) {
15             c[x] = mod_add(c[x], k);
16             x += (x & -x);
17         }
18     }
19     inline int query(int x) {
20         int res = 0;
21         while (x) {
22             res = mod_add(res, c[x]);
23             x -= (x & -x);
24         }
25         return res;
26     }
27 } odd, even;
28
29 signed main() {
30     cin >> n;
31     for (int i = 1; i <= n; i++)
```

```
32        cin >> a[i];
33    for (int i = 1; i <= n; i++)
34        sum[i] = mod_add(sum[i - 1], a[i]);
35    for (int i = 1; i <= n; i++)
36        lsh[++m] = sum[i];
37    lsh[++m] = 0;
38    sort(lsh + 1, lsh + m + 1);
39    m = unique(lsh + 1, lsh + m + 1) - lsh - 1;
40    even.modify(1, 1);
41    for (int i = 1; i <= n; i++) {
42        int pos = lower_bound(lsh+1,lsh+m+1,sum[i]) - lsh;
43        if (sum[i] & 1) {
44            f[i] = mod_add(odd.query(pos), mod_add(even.query(m),
                  mod-even.query(pos-1)));
45            odd.modify(pos, f[i]);
46        } else {
47            f[i] = mod_add(mod_add(odd.query(m), mod -
                  odd.query(pos-1)), even.query(pos));
48            even.modify(pos, f[i]);
49        }
50    }
51    cout << f[n] << endl;
52    return 0;
53 }
```

对于所有数据，保证 1≤n≤3e5，0≤ai<1e9+7。

■ **判断题**

16. 这段代码的空间复杂度为 $O(N)$。（　　）

17. 如果 a 数组从 0 开始存的话，这段代码也能输出正确结果。（　　）

18. 如果不进行取模，f[n]可能会大于 int 的最大值。（　　）

■ **选择题**

19. 如果程序输入

```
4
1000000006 1 5 1000000004
```

则程序输出（　　）。

A. 1　　B. 2　　C. 3　　D. 4

20. 对于以下哪种输入，程序输出为 0？（　　）

A. 1 1　　B. 1 2　　C. 2 1 1　　D. 2 2 2

21. 如果程序输入

```
7
1 2 3 4 5 6 7
```

则程序输出（　　）。

A. 1　　B. 2　　C. 3　　D. 4

（2）

```
01 #include <iostream>
02 #include <algorithm>
03 #include <vector>
04 #include <map>
05 #include <set>
06 #include <numeric>
07 using namespace std;
08 typedef long long ll;
09 typedef vector<int> vi;
10 const int _=5e5*4.1;
11 map<int,vector<int>*>mp;
12 ll n,a[_],b[_],last;
13 int o[_];
14 set<int>si;
15 typedef set<int>::iterator sit;
16 sit prei(sit sx) {return --sx;}
17 sit sufi(sit sx) {return ++sx;}
18 class SOL {
19     public:
20     map<int,ll>mtr;
21     void radd(int l,int r,ll val) {
22         mtr[l]+=val,mtr[r+1]-=val;
23     }
24     void rans() {
25         ll ans0=accumulate(a+1,a+n+1,0ll),a=0;
26         for(int i=1;i<=n;i++)
27             cout<<(ans0+=(a+=mtr[i]))<<endl;
28     }
29 }TR;
30 int pre[_],suf[_];
```

```
31 bool cmp(int i1,int i2) {
32     if(a[i1]==a[i2]) return i1<i2;
33     else return a[i1]<a[i2];
34 }
35 int main() {
36     ios::sync_with_stdio(0),
37     cin.tie(0),cout.tie(0);
38     cin>>n;
39     for(int i=1;i<=n;i++) {
40         cin>>a[i],
41         a[i+n]=a[i];
42         if(last==0||a[i]<=a[last])
43             last=i+n;
44     }
45     for(int i=1;i<=n;i++)
46         a[i]=a[last-n+i];
47     iota(o+1,o+n+1,1),
48     sort(o+1,o+n+1,cmp);
49     si=set<int>({0,(int)(n+1)});
50     for(int i=1;i<=n;i++)
51         si.insert(o[i]),
52         pre[o[i]]=(*prei(si.find(o[i]))),
53         suf[o[i]]=(*sufi(si.find(o[i])));
54 
55     for(int i=1;i<=n;i++) {
56         ++pre[i];
57         if(a[i]<a[i-1])
58             TR.radd(1,i-pre[i],a[i]);
59         if(a[i]>a[suf[i]])
60             TR.radd(suf[i]-i,suf[i]-pre[i],-a[i]);
61     }
62     TR.rans();
63 }
```

假设 1≤n≤5e5，1≤a[i]≤1e9，回答下列问题。

■　判断题

22. 不考虑空间问题，本段代码只需要_>=5e5*2+1，就不会发生数组越界。（　　）

23. 本段代码使用了二阶前缀和。（　　）

24. 在本段代码第 58 行与第 60 行中，实际上是向 TR 加上或者减去一个等比数列。（　　）

■ 选择题

25. 该算法的时间复杂度为（　　）。

A. $O(N^2)$　　B. $O(\log^2 N)$　　C. $O(N)$　　D. $O(N\log N)$

26. 如果输入如下：

```
6
171 814 2313 6676 196 897
```

则程序输出的第一个数为（　　）。

A. 3862　　B. 3861　　C. 3860　　D. 3859

27. （4 分）如果输入如下：

```
10
9 9 10 10 6 8 2 1000000000 1000000000 1000000000
```

则程序输出的第一个数为（　　）。

A. 1000000054　　B. 2000000053　　C. 3000000054　　D. 3000000053

（3）

```
01 #include <bits/stdc++.h>
02 using namespace std;
03 const int N=1e5+5, base=20;
04 int f[1<<base], state[1<<base], cnt[1<<base], a[N];
05 int n,ans;
06 void dfs(int u,int now,int state) {
07     f[state] = min(f[state],u-1);
08     if(u>5) return;
09     for(int i=now;i<=base;i++)
           dfs(u+1,i,(state|(state<<i))&((1<<base)-1));
10 }
11 int main() {
12     memset(f,0x7f,sizeof(f));
13     dfs(1,1,1);
14     for(int mid=1;mid<(1<<base);mid<<=1)
15         for(int i=0;i<(1<<base);i+=(mid<<1))
16             for(int j=0;j<mid;j++)
17                 f[i+j]=min(f[i+j],f[i+j+mid]);
18     for(int i=1;i<(1<<base);i++)
           if(!(i&1)) f[i]=min(f[i],f[i>>1]);
19     scanf("%d",&n);
```

```
20     for(int i=1;i<=n;i++) {
21         scanf("%d",&a[i]);
22         for(int j=2;j*j<=a[i];j++) {
23             if(a[i]%j==0) {
24                 int c=0;
25                 while(a[i]%j==0) ++c,a[i]/=j;
26                 state[j]|=(1<<c);
27                 ++cnt[j];
28             }
29         }
30         if(a[i]>1) ++cnt[a[i]],state[a[i]]|=2;
31     }
32     for(int i=2;i<=1000000;i++) {
33         if(cnt[i]!=n) state[i]|=1;
34         ans+=f[state[i]];
35     }
36     printf("%d",ans);
37     return 0;
38 }
```

对于 100%的数据，有 $1\leqslant n\leqslant 10^5$，$1<ai\leqslant 10^6$。

■　判断题

28. 代码第 12 行运行后，f 的所有值都变成-1。（　　）

29. 设 x 的二进制表示为 1000010111010，f[x]在 dfs 运行完成之后为 6。（　　）

■　选择题

30. 关于第 14~18 行代码，以下说法中正确的是（　　）。

A. 对于集合 i，如果 i 的所有非自身子集 si 能被组合出来，那么 f[i]=min(f[s[i]])。

B. 对于集合 i，如果 i 的所有非自身子集 si 能被组合出来，那么 f[i]=max(f[s[i]])。

C. 对于集合 i，如果 i<<k 能被组合出来（1<=k<=20），那么 f[i]=min(f[i<<k])。

D. 对于集合 i，如果 i>>k 能被组合出来，且二进制下 1 的个数相同（1<=k<=20），那么 f[i]=min(f[i>>k])-1。

31. 下列关于第 6~10 行 dfs 的描述，正确的是（　　）。

A. 删去这段代码，程序复杂度不变。

B. 如果改成 u>6 才 return，其他条件不变，则程序输出不变。

C. 如果改成 u>4 就 return，则当 base=15 时，原程序与新程序执行完 dfs 后，f 数组相同。

D. dfs 执行完后，f[0]=-1，但因为后面根本不会访问 f[0]，所以程序依然输出正确结果。

32. 关于本段代码，下列说法中正确的是（　　）。

A. 程序执行完毕后，对于 state[i]，假设当前值为 x，并且有一个 a[i]恰好能被 i^k 整除，那么 x&(1<<k-1)必然非零。

B. f[i]表示在背包下状态为 i 所需要的物品最小值，例如 f[1000111010]=4，因为{1,2,3,4}是一个符合条件的情况。

C. 本段代码的时间复杂度为 O(3^base)，因为 main 里面出现了枚举子集的子集。

D. 假如 a[1]=30，当读入 a[1]并执行代码后，cnt[2]=cnt[4]=cnt[8]=0。

三、完善程序（单选题，每小题 3 分，共计 30 分）

（1）题目描述：

农场是一块 N×N 的方格田地（2≤N≤100），某些相邻的田地之间有道路分隔，外围有高围栏防止牛离开。牛可以在任意相邻田地间自由移动（北、东、南、西），但不喜欢过马路。

农场上有 K 头牛（1≤K≤100，$K \le N^2$），每头牛位于不同的田地中。如果两头牛之间要相互访问必须至少穿越一条路，这对牛就被认为是“遥远的”。请计算有多少对牛是“遥远的”。

分析：直接记录牛的方位，用 dfs 染色，记录每个连通块上牛的个数，并且把它们两两相乘即可。

```
01 #include <cstdio>
02 #include <iostream>
03 #include <algorithm>
04 #include <cstring>
05 #include <vector>
06 using namespace std;
07 int n,k;
08 int road;
09 int a[105][105][4];
10
11 int color[105][105];
```

```
12 int b[105][105];
13 int x,y,x1,y1;
14 int num;
15 int all;
16 long long ans;
17 vector<int> area;
18 int dx[4]={-1,0,1,0};
19 int dy[4]={0,1,0,-1};
20 void dfs(int x,int y)
21 {
22     if(①) {
23         return;
24     }
25     if(color[x][y]!=-1) {
26         return;
27     }
28     color[x][y]=num;
29     if(b[x][y]==1) {
30         all++;
31     }
32     for(int i=0;i<4;i++) {
33         if(a[x][y][i]==1) {
34             continue;
35         }
36         int xx=x+dx[i];
37         int yy=y+dy[i];
38         dfs(xx,yy);
39     }
40 }
41 int main()
42 {
43     cin>>n>>k>>road;
44     for(int i=1;i<=road;i++) {
45         cin>>x>>y>>x1>>y1;
46         if(x==x1) {
47             a[x][min(y,y1)][1]=1;
48             ②
49         } else {
50             a[min(x,x1)][y][2]=1;
51             ③
52         }
```

```
53     }
54     for(int i=1;i<=k;i++) {
55         cin>>x>>y;
56         b[x][y]=1;
57     }
58     area.push_back(0);
59     memset(color,-1,sizeof(color));
60     for(int i=1;i<=n;i++) {
61         for(int i1=1;i1<=n;i1++) {
62             if(④) {
63                 all=0;
64                 num++;
65                 dfs(i,i1);
66                 area.push_back(all);
67             }
68         }
69     }
70     for(int i=1;i<num;i++) {
71         for(int i1=i+1;i1<=num;i1++) {
72             ⑤
73         }
74     }
75     cout<<ans;
76     return 0;
77 }
```

33. ①处应填（　　）。

A. `x < 1 || y < 1 || x > n || y > n`

B. `x > 1 || y > 1 || x < n || y < n`

C. `x >= 1 && y >= 1 && x <= n && y <= n`

D. `x == 1 && y == 1 && x == n && y == n`

34. ②处应填（　　）。

A. `a[x][max(y,y1)][0]=1;`　　B. `a[x][max(y,y1)][1]=1;`

C. `a[x][max(y,y1)][2]=1;`　　D. `a[x][max(y,y1)][3]=1;`

35. ③处应填（　　）。

A. `a[max(x,x1)][y][0]=1;`　　B. `a[max(x,x1)][y][1]=1;`

C. `a[max(x,x1)][y][2]=1;`　　D. `a[max(x,x1)][y][3]=1;`

36. ④处应填（　　）。

A. `color[i][i1] != -1`　　B. `color[i][i1] == -1`

C. `b[i][i1] == 1`　　D. `b[i][i1] != 1`

37. ⑤处应填（　　）。

A. `ans += area[i] + area[i1];`　　B. `ans += area[i] - area[i1];`

C. `ans += area[i] * area[i1];`　　D. `ans += area[i] / area[i1];`

（2）题目描述：

对 n 个单词进行加密。加密过程如下。

（i）选择一个英文字母表的排列作为密钥。

（ii）将单词中的 a 替换为密钥中的第一个字母，b 替换为密钥中的第二个字母，以此类推。

例如，以 qwertyuiopasdfghjklzxcvbnm 作为密钥对 cezar 加密后，将得到 etmqk。请你给出一种构造方式，最初的第 ai 个单词位于第 i 位。请你判断这能否实现。如果能，请给出任意一种可行的密钥。考虑使用拓扑排序完成，代码如下。

```
01 #include <bits/stdc++.h>
02 using namespace std;
03 const int N= 1e2+ 50;
04 int n, ord[N], in[N];
05 char ans[N], wrd[N][N];
06 vector< int> e[N], s;
07 void add(int x, int y)
08 {
09     for(int i= 1; i<=①; i++)
10         if(wrd[x][i]!= wrd[y][i])
11         {f
12             e[wrd[x][i]].push_back(wrd[y][i]);
13             if(②) in[wrd[x][i]]= 0;
14             if(③) in[wrd[y][i]]= 1;
15             else in[wrd[y][i]]++;
16             return;
17         }
18     if(strlen(wrd[x]+1)>strlen(wrd[y]+1)) puts("NE"), exit(0);
19 }
20 void topo()
```

```
21 {
22     queue< int> q;
23     for(int i= 'a'; i<= 'z'; i++) if(!in[i]) q.push(i);
24     while(!q.empty())
25     {
26         int u= q.front();
27         q.pop(); s.push_back(u);
28         for(auto v : e[u])
29             if(!(--in[v])) q.push(v);
30     }
31 }
32 signed main()
33 {
34     scanf("%d", &n);
35     for(int i= 'a'; i<= 'z'; i++) in[i]= -1;
36     for(int i= 1; i<= n; i++) scanf("%s", wrd[i]+ 1);
37     for(int i= 1; i<= n; i++) scanf("%d", &ord[i]);
38     for(int i= 1; i< n; i++)
39         for(④)
40             add(ord[i], ord[o]);
41     topo();
42     for(int i='a'; i<='z'; i++) if(in[i]> 0) return puts("NE"),
           0; puts("DA");
43     int cnt= 0;
44     for(auto i : s) ans[i]= 'a'+ cnt++;
45     for(int i= 'a'; i<= 'z'; i++)
46     {
47         if(!ans[i]) printf("%c", ⑤);
48         else printf("%c", (char)ans[i]);
49     }
50     return 0;
51 }
```

38. ①处应填（　　）。

A. `min(strlen(wrd[x] + 1), strlen(wrd[y] + 1))`

B. `max(strlen(wrd[x] + 1), strlen(wrd[y] + 1))`

C. `strlen(wrd[x] + 1)`

D. `strlen(wrd[y] + 1)`

39. ②处应填（　　）。

A. `in[wrd[x][i]] != -1`　　B. `in[wrd[x][i]] == -1`

C. `in[wrd[x][i]] == 0`　　D. `in[wrd[x][i]] != 0`

40. ③处应填（　　）。

A. `in[wrd[y][i]] != -1`　　B. `in[wrd[y][i]] == -1`

C. `in[wrd[y][i]] == 0`　　D. `in[wrd[y][i]] != 0`

41. ④处应填（　　）。

A. `int o=i; o<n; o++`　　B. `int o=i; o<=n; o++`

C. `int o=i+1; o<n; o++`　　D. `int o=i+1; o<=n; o++`

42. ⑤处应填（　　）。

A. `(char)('z' - cnt--)`　　B. `(char)('z' - --cnt)`

C. `(char)('a' + cnt++)`　　D. `(char)('a' + ++cnt)`

提高组 CSP-S 2025 初赛模拟卷 5

一、单项选择题（共 15 题，每题 2 分，共计 30 分；每题有且仅有一个正确选项）

1. C++语言中析构函数的主要作用是（   ）。
   A. 为对象分配内存空间
   B. 对对象的静态数据成员进行初始化
   C. 重载对象的运算符
   D. 在对象生命周期结束时释放资源，执行清理任务

2. 以下关于 NOI Linux 的文件操作需要十分谨慎的是（   ）。
   A. `rm -r`　　B. `cp -a`　　C. `mkdir`　　D. `diff`

3. 以下哪一项并非 STL 中集合容器所具备的操作函数？（   ）
   A. `insert`　　B. `swap`　　C. `front`　　D. `lower_bound`

4. 设 A=B=true，C=D=false，以下逻辑运算表达式的值为假的是（   ）。
   A. $(\neg A \land B) \lor (C \land D \lor A)$　　B. $\neg(((A \land B) \lor C) \land D)$
   C. $A \land (B \lor C \lor D) \lor D$　　D. $(A \land (D \lor C)) \land B$

5. 阅读以下用动态规划解决 0-1 背包问题的函数，假设背包的容量是 10kg，4 个物品的 a（重量）分别为 1,3,4,6（单位为 kg），每个物品对应的 b（价值）分别为 20,30,50,60，则函数的输出为（   ）。

```
int knapsack(int W, const vector<int>& a, const vector<int>& b, int n) {
    vector<vector<int>> dp(n+1,vector<int>(W+1,0));
    for (int i=1; i<=n; i++) {
        for (int w=0; w<=W; w++) {
            if (a[i-1] <= w) {
                dp[i][w]=max(dp[i-1][w],dp[i-1][w-a[i-1]]+b[i-1]);
            }
            else
            {
                dp[i][w] = dp[i-1][w];
```

```
                }
            }
        }
    return dp[n][W];
}
```

A. 90　　B. 100　　C. 110　　D. 140

6. 给定一棵二叉树，其前序遍历结果为 1245367，中序遍历结果为 4521367，则这棵树的后序遍历结果为（　　）。

A. 5427631　　B. 5472631　　C. 4527631　　D. 4257631

7. 一棵有 n 个结点的二叉树，执行释放全部结点操作的时间复杂度是（　　）。

A. $O(\log n)$　　B. $O(n^2)$　　C. $O(n)$　　D. $O(n\log n)$

8. 下列选项中，（　　）不是动态规划算法中常见的优化手段。

A. 滚动数组　　B. 单调队列　　C. 自动机　　D. 状态压缩

9. 下面哪个说法是错误的？（　　）

A. 向量又称矢量

B. 多重集合不是集合

C. 高斯消元法可以求逆矩阵和行列式

D. 矩阵只能做加减运算，不能做乘法运算

10. 设正整数 $1 \leqslant n \leqslant 2025$，则使 $n^5-5n^3+4n+15$ 是完全平方数的可能的 n 的个数为（　　）个。

A. 3　　B. 0　　C. 1　　D. 2

11. 以下哪种数据结构是线性数据结构？（　　）

A. trie　　B. Treap　　C. deque　　D. Splay

12. 冒泡排序、选择排序、插入排序、归并排序、快速排序、堆排序和桶排序算法中有（　　）个是稳定的。

A. 3　　B. 4　　C. 5　　D. 2

13. 对于一个正整数 n，如果能找到正整数 a 和 b 使得 n=a+b+a*b，则称 n 为奇特数，例如 3=1+1+1*1 就是一个奇特数，从 1 到 100 中有（　　）个奇特数。

A. 74　　B. 72　　C. 73　　D. 75

14. 现有 7 把钥匙和 7 把锁，用这些钥匙随机开锁，则 A1,A2,A3 这三把钥匙全部不能打开对应锁的概率是（　　）。

A. 3/7　　B. 67/105　　C. 12/35　　D. 9/49

15. 以下哪种方法不是解决哈希冲突的方法？（　　）

A. 开哈希法　　B. 线性探查法　　C. 二次探查法　　D. 复杂哈希函数

二、阅读程序（程序输入不超过数组或字符串定义的范围；判断题正确填√，错误填×；除特殊说明外，判断题每题 1.5 分，选择题每题 3 分，共计 40 分）

（1）

```
01 #include <bits/stdc++.h>
02
03 #define N 1005
04 using namespace std;
05
06 int n,m,t,fi[N],cnt,f[N][N],mh[N],ans;
07 bool vis[N];
08 char c[N];
09
10 struct p{
11     int ne,to;
12 } l[N*N];
13
14 struct data {
15     int x,y;
16 } a[N];
17
18 inline void add(int x,int y) {
19     l[++cnt].ne=fi[x];
20     l[cnt].to=y;
21     fi[x]=cnt;
22 }
23
```

```
24 inline int read() {
25     int res=0,f=1;char ch=getchar();
26     while(ch<'0'||ch>'9')f=ch=='-'?-1:f,ch=getchar();
27     while(ch>='0'&&ch<='9')res=res*10+ch-'0',ch=getchar();
28     return res*f;
29 }
30
31 inline bool dfs(int u) {
32     for(int i=fi[u];i;i=l[i].ne) {
33         int v=l[i].to;
34         if(vis[v])continue;
35         vis[v]=1;
36         if(!mh[v]||dfs(mh[v])) {
37             mh[v]=u;
38             return 1;
39         }
40     }
41     return 0;
42 }
43
44 int main() {
45     n=read(),m=read();
46     for(int i=1;i<=n;++i) {
47         scanf("%s",c+1);
48         for(int j=1;j<=m;++j)
49         if(c[j]=='1')a[++t].x=i,a[t].y=j;
50     }
51     for(int i=1;i<=t;++i)
52     for(int j=i+1;j<=t;++j)
53     if((a[i].y+1==a[j].y&&a[i].x==a[j].x)||(a[i].y==a[j].y
           &&a[i].x+1==a[j].x)) f[i][j]=1;
54     for(int k=1;k<=t;++k)
55     for(int i=1;i<=t;++i)
56     for(int j=1;j<=t;++j)
57     f[i][j]|=f[i][k]&f[k][j];
58     for(int i=1;i<=t;++i)
59     for(int j=i+1;j<=t;++j)
60     if(f[i][j])add(i,j+t);
61     for(int i=1;i<=t;++i) {
62         memset(vis,0,sizeof(vis));
63         if(dfs(i))++ans;
```

```
64     }
65     printf("%d\n",t-ans);
66     return 0;
67 }
```

假设 1≤N,M≤20，输入 1 的个数不会超过 200 个，回答下列问题。

■ 判断题

16. 这段代码的时间复杂度为 $O(N^2)$。 (　　)
17. 这段代码的空间复杂度为 $O(N^2)$。 (　　)
18. t 的最大值为 n*m。 (　　)

■ 选择题

19. 若读入

```
5 5
00100
11111
00100
11111
00100
```

则程序运行跳出第 51 行的循环后，有多少个 f[i][j]的初始值为 1？ (　　)

A. 10　　B. 11　　C. 12　　D. 13

20. 若读入

```
5 5
10101
10101
01110
11111
00100
```

则程序运行跳出第 51 行的循环后，有多少个 f[i][j]的初始值为 1？ (　　)

A. 13　　B. 14　　C. 15　　D. 16

（2）

```
01 #include <cstdio>
02 #include <iostream>
03 #include <algorithm>
```

```
04 #include <cstring>
05 using namespace std;
06 const int Maxn=3e5+10;
07 char s[Maxn];
08 int a[Maxn],b[Maxn];
09 int f[Maxn];
10 int n;
11 inline bool cmp(int x,int y)
12 {
13    return x>y;
14 }
15 int main()
16 {
17    scanf("%s",s+1);
18    n=strlen(s+1);
19    for(int i=1;i<=n;++i)
20       a[i]=s[i]-'a';
21    scanf("%s",s+1);
22    for(int i=1;i<=n;++i)
23       b[i]=s[i]-'a';
24    sort(a+1,a+1+n);
25    sort(b+1,b+1+n,cmp);
26    int x=0,y=0,pos=n;
27    for(int i=1;i<=n;++i)
28    {
29       if(a[x+1]>=b[y+1]) {pos=i-1;break;}
30       if(i & 1) f[i]=a[++x];
31       else f[i]=b[++y];
32    }
33    x=y=(n>>1)+1;
34    if((n & 1)) ++x;
35    for(int i=n;i>pos;--i)
36    {
37       if((pos+(n-i+1)) & 1) f[i]=a[--x];
38       else f[i]=b[--y];
39    }
40    for(int i=1;i<=n;++i)
41       putchar(f[i]+'a');
42    putchar('\n');
43    return 0;
44 }
```

假设读入的两个字符串长度 n 满足 1≤n≤3e5，其他输入均合法，回答下列问题。

■ 判断题

21. 第 25 行排序的 cmp 函数使得 b 数组变为从大到小排列，为达到同样的效果也可以使用 less<int>。 ( )
22. std::sort()的时间复杂度是随机的，从 $O(N)$ 到 $O(N^2)$ 都有可能。 ( )
23. （2 分）假设这里用的 sort 采用了快速排序，那么快速排序是稳定的，即对于 i<j，当 ai=aj 时，排序后 ai 一定在 aj 前。 ( )
24. （2 分）若将第 33 行代码 x=y=(n>>1)+1;改为 x=y=n>>1+1;，程序在所有相同输入下输出不变。 ( )

■ 选择题

25. 若程序输入

```
tinkoff
zscoder
```

则输出为（ ）。

A. fzfsirk B. fzfsidk C. zfsfrik D. Zfsfdik

26. 下列说法中正确的是（ ）。

A. strlen()和 vector 的 size()函数的时间复杂度相同，都为 $O(N)$。
B. 当输入两个相同的串时，该程序的输出也是这个串。
C. 当输入两个不同的串 a,b 时，该程序也可能输出与 a 或 b 相同的串。
D. 若将这段代码中的--y 全部改成 y--，程序依然可以输出相同的结果。

27. 假设当 n=100 时，第 37 行中的 f[i]=a[--x];语句最多被执行多少次？（ ）

A. 8 B. 49 C. 50 D. 100

（3）

```
01 #include <bits/stdc++.h>
02 using namespace std;
03 typedef long long LL;
04 const int N = 1e6 + 5, INF = 0x3f3f3f3f;
05 const LL mod = 1e9 + 7;
06 int n, l, a, b;
07 bool flag[N];
```

```
08 int c[N];
09 int dp[N];
10 struct segtree {
11    int l, r, val;
12    #define l(x) tr[x].l
13    #define r(x) tr[x].r
14    #define val(x) tr[x].val
15 } tr[N << 1];
16 void pushup(int x) {
17    val(x) = min(val(x << 1), val(x << 1 | 1));
18 }
19 void build(int l, int r, int x) {
20    l(x) = l, r(x) = r, val(x) = INF;
21    if(l == r) return;
22    int mid = l + r >> 1;
23    build(l, mid, x << 1), build(mid + 1, r, x << 1 | 1);
24 }
25 void update(int pos, int v, int x) {
26    if(l(x) == r(x)) {
27       val(x) = v;
28       return;
29    }
30    int mid = l(x) + r(x) >> 1;
31    if(mid >= pos) update(pos, v, x << 1);
32    else update(pos, v, x << 1 | 1);
33    pushup(x);
34 }
35 int query(int l, int r, int x) {
36    if(l <= l(x) && r(x) <= r) return val(x);
37    int mid = l(x) + r(x) >> 1, res = INF;
38    if(l <= mid) res = query(l, r, x << 1);
39    if(r > mid) res = min(res ,query(l, r, x << 1 | 1));
40    return res;
41 }
42 int main()
43 {
44    ios::sync_with_stdio(false);
45    cin.tie(nullptr);
46    cin >> n >> l >> a >> b;
47    for(int i = 1; i <= n; i ++) {
48       int x, y;
```

```
49        cin >> x >> y;
50        c[x + 1] ++, c[y] --;
51     }
52     for(int i = 1; i <= l; i ++) {
53        c[i] += c[i - 1];
54        if(c[i] > 0) flag[i] = true;
55     }
56     build(0, l, 1);
57     update(0, 0, 1);
58     for(int i = a * 2; i <= l; i += 2) {
59        if(flag[i]) continue;
60        int ql = max(0, i - 2 * b), qr = i - 2 * a;
61        dp[i] = query(ql, qr, 1) + 1;
62        update(i, dp[i], 1);
63     }
64     if(dp[l] >= INF) dp[l] = -1;
65     cout << dp[l] << '\n';
66     return 0;
67 }
```

假设对于输入满足 1≤L≤1e6，1≤A≤B≤1e3，1≤N≤1e3，1≤Si<Ei≤L；L 一定是一个偶数。

■ **判断题**

28. 本段代码第 15 行中的 N << 1 应该改成 N << 2，否则会发生数组下标越界。 （　　）

■ **选择题**

29. dp 数组的转移方程是（　　）。

A. dp[i]=min(dp[j]), i-b<=j<=i-a

B. dp[i]=min(dp[j]), i-b*2<=j<=i-a*2

C. dp[i]=min(dp[j])+1, i-b<=j<=i-a

D. dp[i]=min(dp[j])+1, i-b*2<=j<=i-a*2

30. 若输入

```
2 8
1 2
6 7
```

3 6

则程序输出（　　）。

A. -1　　B. 1　　C. 2　　D. 3

31. 若输入

4 8
1 2
6 7
3 6
2 4
1 8

则程序输出（　　）。

A. -1　　B. 1　　C. 2　　D. 3

32. 以下说法中正确的是（　　）。

A. 第50行代码中的flag数组标记了[x+1,y-1]这个区间。

B. 第57行代码update(0,0,1);可删去，因为这是对第0个元素更新值，完全没有必要。

C. 第58行代码for(int i = a * 2;i <= l ;i + = 2)可以改成for(int i = a * 2;i <= l;i + = 1)。

D. 第61行代码中的query(ql, qr, 1)也可以写成query(ql, qr, 0)。

三、完善程序（单选题，每小题3分，共计30分）

（1）题目描述：

给你一个n×n的矩阵，你可以将k×k的连续子矩阵全部加一或者减一，初始时，有m个位置不是0，其他全部是0，请问你至少需要多少次操作才能将矩阵中的所有数都变为0？如果无法实现，请输出-1。

显然，利用差分性质能够实现快速修改，具体做法是按照顺序依次修改(1,1),(1,2),…,(1,n),…,(n,n)。

```
01 #include <bits/stdc++.h>
02 #define ll long long
03 using namespace std;
04 ll d[5010][5010],f[5010][5010];
05 int n,m,k;
```

```
06 void cf(int x,int y,int c) {
07     int xx=x+k,yy=y+k;
08     if(①) {
09         cout<<"-1";
10         exit(0);
11     }
12     d[x][y]-=c;
13     d[xx][y]+=c;
14     d[x][yy]+=c;
15     ②;
16 }
17 int main() {
18     ll ans=0;
19     scanf("%d%d%d",&n,&m,&k);
20     while(m--) {
21         int x,y;
22         ll z;
23         scanf("%d%d%lld",&x,&y,&z);
24         f[x][y]=z;
25     }
26     for(int i=1;i<=n;i++)
27         for(int j=1;j<=n;j++) {
28             d[i][j]+= ③;
29             ll k=④;
30             if(k) {
31                 ans+=⑤;
32                 cf(i,j,k);
33             }
34         }
35     printf("%lld",ans);
36     return 0;
37 }
```

33. ①处应填（ ）。

A. `xx>=n+1||yy>=n+1` B. `xx>n+1&&yy>n+1`

C. `xx<1||yy<1` D. `xx<1&&yy<1`

34. ②处应填（ ）。

A. `d[yy][xx]-=c` B. `d[yy][xx]+=c`

C. `d[xx][yy]-=c` D. `d[xx][yy]+=c`

35. ③处应填（　　）。

A. -d[i-1][j-1]　　B. d[i][j-1]-d[i-1][j-1]

C. d[i-1][j]-d[i-1][j-1]　　D. d[i-1][j]+d[i][j-1]-d[i-1][j-1]

36. ④处应填（　　）。

A. d[i][j]　　B. f[i][j]

C. d[i][j]+f[i][j]　　D. d[i][j]-f[i][j]

37. ⑤处应填（　　）。

A. 1　　B. abs(k)　　C. k　　D. -k

（2）题目描述：

给定一个序列，选择一个前缀和一个与之不相交的后缀，使得所有被选择的数的异或和最大。

先计算并且插入所有后缀异或和 bki，从前往后记录当前前缀和 cur，删除后缀异或和并在 Trie 树里面寻找与 cur 对应的异或最大值，更新答案即可。

```
01 #include <bits/stdc++.h>
02 #define ll long long
03 #define reg register
04 #define F(i,a,b) for(reg int i=(a);i<=(b);i++)
05 inline ll read();
06 using namespace std;
07 const int N=1e5+10;
08 int n,trie[N*64][2],cnt=1,rec[N*64];
09 ll bk[N],a[N],ans;
10 inline void insert(ll x) {
11     int p=1;
12     for(reg int i=62; i>=0; i--) {
13         bool k=(x&(①));
14         if(!trie[p][k])trie[p][k]=++cnt;
15         p=trie[p][k];
16         ②;
17     }
18 }
19 inline void del(ll x) {
20     int p=1;
21     for(reg int i=62; i>=0; i--) {
```

```
22          bool k=(x&(1ll<<i));
23          if(!rec[p] or !trie[p][k])return;
24          p=trie[p][k];
25          rec[p]--;
26      }
27  }
28  inline ll search(ll x) {
29      int p=1;
30      ll s=0;
31      for(reg int i=62;i>=0;i--) {
32          bool k=(x&(1ll<<i));
33          s<<=1ll;
34          int &to=③;
35          if(!to or !rec[to]) {
36              if(rec[trie[p][k]] and trie[p][k])p=trie[p][k];
37              else break;
38          }
39          else p=to,s|=1ll;
40      }
41      return s;
42  }
43  int main() {
44      n=read();
45      F(i,1,n)a[i]=read();
46      for(reg int i=n; i>=1; i--)bk[i]=④,insert(bk[i]);
47      ll cur=0;
48      ans=search(cur);
49      F(i,1,n) {
50          cur^=a[i];
51          ⑤;
52          ans=max(ans,search(cur));
53      }
54      printf("%lld",ans);
55      return 0;
56  }
57  inline ll read() { //快速读入
58      reg ll x=0;
59      reg char c=getchar();
60      while(!isdigit(c))c=getchar();
61      while(isdigit(c))x=(x<<3ll)+(x<<1ll)+(c^48),c=getchar();
62      return x;
63  }
```

38. ①处应填（　　）。

A. `1ll<<i`　　B. `1<<i`　　C. `pow(4,i-1)`　　D. `pow(4ll,i-1)`

39. ②处应填（　　）。

A. 不填写　　B. `rec[p]++`　　C. `rec[p]--`　　D. `rec[p]^=1`

40. ③处应填（　　）。

A. `trie[p][k]`　　B. `trie[p][k^1]`

C. `++cnt`　　D. `--cnt`

41. ④处应填（　　）。

A. `bk[i]=bk[i+1]^a[i]`　　B. `bk[i]=bk[i+1]^a[i+1]`

C. `bk[i]=bk[i-1]^a[i]`　　D. `bk[i]=bk[i-1]^a[i-1]`

42. ⑤处应填（　　）。

A. `del(i)`　　B. `del(bk[i+1])`

C. `del(bk[i])`　　D. `del(bk[i-1])`

提高组 CSP-S 2025 初赛模拟卷 6

一、单项选择题（共 15 题，每题 2 分，共计 30 分；每题有且仅有一个正确选项）

1. 已知开放集合 S={x}规定，如果正整数 x 属于该集合，则 2x 和 3x 同样属于该集合。若该集合包含 1，则该集合一定包含（　　）。

   A. 2024　B. 1536　C. 2025　D. 2026

2. 在 C++语言中，STL deque 类型不包含函数（　　）。

   A. pop()　B. front()　C. back()　D. size()

3. 在 NOI Linux 系统中，改变当前工作路径到上一级目录的命令是（　　）。

   A. pwd　B. ls　C. cd..　D. mv

4. 在 C++语言中，(-5)&5 的值为（　　）。

   A. -1　B. 0　C. 1　D. 5

5. 简单无向图有 24 条边且每个顶点的度数都是 4，则图中有（　　）个顶点。

   A. 24　B. 10　C. 16　D. 12

6. 算法的复杂度分析中常用的大 O 表示法是（　　）科学家最先引入的。

   A. 美国　B. 德国　C. 英国　D. 法国

7. 稀疏表预处理的时间复杂度为（　　）。

   A. $O(\log n)$　B. $O(n)$　C. $O(n\log n)$　D. $O(n^2)$

8. 以下选项中，（　　）不属于 AVL 树插入结点破坏平衡的情况。

   A. RS 型　B. RL 型　C. LL 型　D. LR 型

9. 数据结构中单调栈的特点不包括（　　）。

   A. 单调栈这种优秀的数据结构简洁明了

   B. 单调栈的空间复杂度为 $O(n)$

   C. 单调栈中的所有元素都会多次出入栈

   D. 顾名思义，单调栈中的元素呈单调性

10. 关于 C++语言中的构造函数，下列说法中哪个是正确的？（　　）

A. 构造函数的名称与类的名称相同，且没有返回值

B. 构造函数不能被 override

C. 构造函数是用来销毁类对象的成员函数

D. 每个类只有一个构造函数

11. 下面有关 C++重载的说法中错误的是（　　）。

A. 两个参数个数不同的函数可以用相同的名字

B. 两个参数类型不同的函数可以用相同的名字

C. 两个类的方法可以用相同的名字

D. 所有 C++运算符均可以重载

12. 有 n 个顶点、m 条边的图的深度优先搜索遍历算法的时间复杂度为（　　）。

A. $O(nm)$　　B. $O(n+m)$　　C. $O(n)$　　D. $O(m)$

13. 甲乙两人参加知识竞赛，每人抽 1 次（抽到的题目不再放回），共有 6 道选择题、4 道判断题，甲乙两人至少有一个抽到选择题的概率是（　　）。

A. 3/5　　B. 2/3　　C. 13/15　　D. 3/4

14. 正整数 n≥3 称为理想数，若存在正整数 k（1≤k≤n-1）使得 C(n,k-1)，C(n,k)，C(n,k+1)构成等差数列，其中 C(n,k)为从 n 个数中取 k 个数的组合数，C(n,k)=n!/(k!*(n-k)!)，则不超过 2025 的理想数的个数为（　　）。

A. 46　　B. 45　　C. 44　　D. 43

15. 已知一棵二叉树有 10 个结点，则其中至多有（　　）个结点有 2 个子结点。

A. 6　　B. 5　　C. 4　　D. 3

二、阅读程序（程序输入不超过数组或字符串定义的范围；判断题正确填√，错误填×；除特殊说明外，判断题每题 1.5 分，选择题每题 3 分，共计 40 分）

（1）

```
01 #include <bits/stdc++.h>
02 using namespace std;
03 const int N=1e5+5;
```

```
04 using ll=long long;
05 ll A,B,C;
06 int n,k,T,p[N],ml,mr,a[N],b[N];
07 bitset<N>vs;
08
09 inline bool ck(int P) {
10     int x,d=0,R=2;
11     for(x=1;x<=n;++x)
12         if(p[x]<<1<P)p[x]=1e9,++d;
13     for(x=1;x<n;++x)
14         R=min(R,(p[x]<P)+(p[x+1]<P));
15     for(x=1;x<=n;++x)p[x]=b[x];
16     return d+R<=k;
17 }
18
19 int main() {
20     int i,j,x,y,z,l,r,md;
21     ios::sync_with_stdio(false);
22     cin>>T;
23     while(T--) {
24         cin>>n>>k;
25         for(i=1;i<=n;++i)cin>>p[i],b[i]=p[i],a[i]=i;
26         if(n==k) {
27             printf("%d\n",1000000000);continue;
28         }else if(n==2) {
29             printf("%d\n",max(p[1],p[2]));continue;
30         }
31         sort(a+1,a+n+1,[&](int x,int y){return b[x]<b[y];});
32         l=0,r=1e9,A=0;
33         while(l<=r) {
34             md=l+r>>1;
35             if(ck(md))A=md,l=md+1;
36             else r=md-1;
37         }printf("%lld\n",A);
38     }
39     return 0;
40 }
```

假设 1≤k≤1e5，2≤n≤1e5，1≤ai≤1e9，回答下列问题。

■ **判断题**

16. 这段代码的时间复杂度为 $O(N\log N+N\log A)$。 ( )
17. 第 31 行中的 sort 没必要这么写，只需要写 sort(a+1,a+n+1)，程序执行能得到一样的结果。 ( )
18. 这段代码的输出不会大于 k。 ( )
19. 当 P 越大时，check 函数中的 R 也越大，但是不会大于 2。 ( )

■ **选择题**

20. 假设读入时 b 数组为 1 9 19 8 10，则程序执行完毕后，b 数组为（ ）。

A. 1 10 19 8 9　　B. 1 9 19 8 10

C. 1 8 9 10 19　　D. 1 1 4 5 1 4

21. 假设输入为

```
1
4 1
1 4 6 13 2
```

则输出为（ ）。

A. 4　　B. 5　　C. 6　　D. 7

（2）

```
01 #include <bits/stdc++.h>
02 const int maxn = 200100;
03 int n, a[maxn];
04 void solve() {
05     scanf("%d", &n);
06     for (int i = 1; i <= n; ++i) scanf("%d", &a[i]);
07     int lst = 0;
08     for (int i = 1; i <= n; ++i) {
09         if (a[i] != -1) {
10             if (!lst) {
11                 for(int j=i-1,o=1;j;--j,o^=1) a[j]=(o?a[i]*2:a[i]);
12                 lst = i;
13                 continue;
14             }
15             int x = lst, y = i;
16             while (y - x > 1) {
17                 if (a[x] > a[y]) a[x + 1] = a[x] / 2, ++x;
```

```
18                else if (a[x] < a[y]) a[y - 1] = a[y] / 2, --y;
19                else a[x+1] = a[x] > 1 ? a[x]/2:a[x]*2, ++x;
20            }
21            if(a[y]!=a[x]/2&&a[x]!=a[y]/2) return (void)puts("-1");
22            lst = i;
23        }
24    }
25    if (!lst) {
26        for(int i=1;i<=n;++i) printf("%d\n",(i&1)+1);
27        return;
28    }
29    for(int i=lst+1,o=1;i<=n;++i, o^=1) a[i]=(o?a[lst]*2:a[lst]);
30    for(int i=1;i<=n;++i) printf("%d\n",a[i]);
31 }
32 int main() {
33    int T;
34    scanf("%d", &T);
35    while (T--) solve();
36    return 0;
37 }
```

假设 t≤10，1≤n≤200000，-1≤ai≤100000000，回答下列问题。

■ 判断题

22. 这段代码的时间复杂度为 $O(N\log N)$。（ ）

23. 如果输入的 ai 全为-1，那么输出的第一个数是 1。（ ）

24. 第 11 行中 a[j]的值取决于 o，如果 o 为 1，那么 a[j]=a[i]*2，如果 o 为 0，则 a[j]=a[i]。（ ）

■ 选择题

25. 若程序输入为

```
1
8
-1 -1 -1 2 -1 -1 1 -1
```

则输出（不考虑换行）是（ ）。

A. 4 2 4 2 1 2 1 2　　B. 4 2 4 2 1 1 1 2

C. 1 2 4 2 1 2 1 2　　D. 1 2 4 2 1 1 1 2

26. 假设 a[x]=15，a[y]=29，并且 x=5，y=12，那么程序执行完第 16~20 行代码后，a[6]到 a[11]的值分别是多少？（　　）

A. 7 3 1 3 7 14　　B. 7 14 29 14 29 14

C. 7 3 7 14 29 14　　D. 7 7 3 7 14 29

27. 当第 16 行中的 y - x 的差大于（　　）时，这段代码一定不会输出-1。

A. 54　　B. 60　　C. 63　　D. 无法保证

（3）

```
01 #include <bits/stdc++.h>
02 using namespace std;
03 const int INF=5e5+5;
04 struct _node_data {
05     int l,r;
06 }aa[INF];
07 int n;
08 struct _set {
09     int v,id;
10     bool operator < (const _set &x) const {
11         return x.v>v;
12     }
13 };
14 multiset <_set> s;
15 bool cmp(_node_data xx,_node_data yy) {
16     return xx.l<yy.l;
17 }
18 struct _node_edge {
19     int to_,next_;
20 } edge[INF<<1];
21 int head[INF],tot,vis[INF];
22 void add_edge(int x,int y) {
23     edge[++tot]=(_node_edge){y,head[x]};
24     head[x]=tot;return ;
25 }
26 void DFS(int x) {
27     if (vis[x]) return ;
28     vis[x]=1;
29     for (int i=head[x];i;i=edge[i].next_) {
30         int v=edge[i].to_;
```

```
31         DFS(v);
32     }
33     return ;
34 }
35 int check() {
36     DFS(1);
37     for (int i=1;i<=n;i++)
38         if (!vis[i]) return false;
39     return true;
40 }
41 signed main()
42 {
43     ios::sync_with_stdio(false);
44     cin>>n;
45     for (int i=1;i<=n;i++)
46         cin>>aa[i].l>>aa[i].r;
47     sort(aa+1,aa+1+n,cmp);
48     int cnt=0;
49     s.insert((_set){aa[1].r,1});
50     for (int i=2;i<=n;i++) {
51         set<_set>::iterator it=s.lower_bound((_set){aa[i].l,-1});
52         for (;it!=s.end();it++) {
53             if (it->v>=aa[i].r) break;
54             cnt++;
55             if (cnt==n) {
56                 cout<<"NO\n";
57                 return 0;
58             }
59 
60             add_edge(i,it->id);
61             add_edge(it->id,i);
62         }
63         s.insert((_set){aa[i].r,i });
64     }
65     if (cnt!=n-1) {
66         cout<<"NO\n";
67         return 0;
68     }
69     if (!check()) {
70         cout<<"NO\n";
71         return 0;
```

```
72     }
73     cout<<"YES\n";
74     return 0;
75 }
```

假设1≤n≤5e5，1≤li≤ri≤2n，并且输入均为整数，不会出现相同的(li,ri)。

■ 判断题

28. 此题是判断一些线段满足一些性质后是否能构成一棵树，因为第65行判断cnt是否为n-1，即边的数量是否为n-1条。（ ）
29. 这段代码的时间复杂度是$O(N^2\log N)$。（ ）
30. _set类型在set中按照id从大到小排序。（ ）

■ 选择题

31. 如果输入

```
6
9 12
2 11
1 3
6 10
5 7
4 8
```

则程序输出为（ ）。

A. YES　B. NO　C. NULL　D. TRUE

32. 以下哪种情况一定会导致代码输出"NO"？（ ）

A. 在本段代码中，DFS函数执行了n次
B. 存在i使得li=ri=0[0,0]
C. 存在重复出现的(li,ri)
D. 所有线段都相交

33. （4分）下列说法中正确的是（ ）。

A. 如果li,ri数据范围扩大十倍，则时间复杂度变大。
B. check函数中的DFS(1)改成DFS(n)，程序输出不变。
C. multiset完全没有必要，这会导致重复连边，但是因为本题要求一棵树，所以没有出现问题。

D. 其实可以只连单向边，考虑 x,y：当扫到 x 的时候会有(x,y)和(y,x)，而扫到 y 时也会有(x,y)和(y,x)。

三、完善程序（单选题，每小题 3 分，共计 30 分）

（1）题目描述：

给你一棵有 n 个结点的树，结点从 1 到 n 编号。你会按编号从小到大的顺序访问每个结点。经过树上的边需要收费。第 i 条边有单程票（只能用 1 次）价格 Ci1 和多程票（可以用无限次）价格 Ci2。你在访问途中可能会重复走一条边，所以多程票有时更划算。

请你求出从 1 访问到 n 最少需要多少费用。

此时在树上差分即可。

```
01 #include <cstdio>
02 #include <iostream>
03 #include <cstring>
04
05 using namespace std;
06
07 const int N=2e5+10;
08
09 int n,fir[N],tot,fa[N][40],dep[N];
10 long long ans,val[N];
11 struct node {int to,nex,oned,twod;} e[N << 1];
12
13 void add(int u,int v,int xgf,int xrc)
14 {
15     e[++tot].to=v;
16     e[tot].oned=xgf;
17     e[tot].twod=xrc;
18     e[tot].nex=fir[u];
19     fir[u]=tot;
20     return ;
21 }
22 void swap(int &x,int &y) {①; return ;}
23
24 void dfs(int x,int dad)
25 {
26     dep[x]=dep[dad]+1;
```

```
27     fa[x][0]=dad;
28     for(int i=1;(1<<i)<=dep[x];i++)
29        fa[x][i]=②;
30     for(int i=fir[x];i;i=e[i].nex)
31        if(e[i].to^dad) dfs(e[i].to,x);
32     return ;
33  }
34
35  int lca(int x,int y)
36  {
37     if(dep[x] < dep[y]) swap(x,y);
38     for(int i=35;i>=0;i--)
39     {
40        if(dep[fa[x][i]] >= dep[y]) x=fa[x][i];
41
42        if(x == y) return y;
43     }
44     for(int i=35;i>=0;i--)
45        if(③) {x=fa[x][i]; y=fa[y][i];}
46     return fa[x][0];
47  }
48
49  void solve(int x)
50  {
51     int u;
52     for(int i=fir[x];i;i=e[i].nex)
53        if(e[i].to^fa[x][0])
54        {
55           solve(e[i].to);
56           val[x]+=val[e[i].to];
57        }
58        else u=i;
59     ④
60     else ans+=e[u].twod;
61     return ;
62  }
63
64  int main()
65  {
66     scanf("%d",&n);
67     for(int i=1,u,v,c1,c2;i<n;i++)
```

```
68    {
69        scanf("%d%d%d%d",&u,&v,&c1,&c2);
70        add(u,v,c1,c2); add(v,u,c1,c2);
71    }
72    dfs(1,0);
73    for(int i=1;i<n;i++)
74    {
75        val[i]++; val[i+1]++;
76        ⑤
77    }
78    solve(1);
79    printf("%lld",ans);
80    return 0;
81 }
```

34. ①处应填（　　）。

A. `x^=x^=y^=x`　B. `x^=x^=x^=y`　C. `x^=y^=x^=y`　D. `x^=y^=y^=x`

35. ②处应填（　　）。

A. `fa[x][i+1]`　B. `fa[x][i-1]`

C. `fa[fa[x][i+1]][i+1]`　D. `fa[fa[x][i-1]][i-1]`

36. ③处应填（　　）。

A. `fa[x][i]&&fa[y][i]`　B. `fa[x][i]&fa[y][i]`

C. `fa[x][i]==fa[y][i]`　D. `fa[x][i]^fa[y][i]`

37. ④处应填（　　）。

A. `if(e[u].oned*val[x] < e[u].twod) ans+=e[u].oned*val[x];`

B. `if(e[u].oned*val[x] < e[u].twod) ans+=e[u].twod;`

C. `if(e[u].oned < e[u].twod) ans+=e[u].oned*val[x];`

D. `if(e[u].oned < e[u].twod) ans+= e[u].twod;`

38. ⑤处应填（　　）。

A. `val[lca(i,i+1)]-=2;`　B. `val[lca(i,i-1)]-=2;`

C. `val[lca(i,i+1)]-=1;`　D. `val[lca(i,i-1)]-=1;`

（2）题目描述：

给定一个 n×m 的矩阵 h，求出所有大小为 a×b 的子矩阵中的最小值的和。矩阵的给定方式：给定 g(0)，x，y，z，它们表示一个序列 g(i)，而 hij 由该序列生成。

其中 g(i)=[g(i-1)*x+y] mod z; hij=g[(i-1)*m+j-1]。

```
01 #include <bits/stdc++.h>
02 using namespace std;
03 
04 int n,m,a,b;
05 long long x,y,z;
06 long long g[9000010];
07 int h[3005][3005];
08 int minn[3005][3005];
09 long long ans;
10 deque<int> p;
11 
12 int main()
13 {
14     scanf("%d%d%d%d",&n,&m,&a,&b);
15     scanf("%lld%lld%lld%lld",&g[0],&x,&y,&z);
16     for(int i=1;i<=9000005;i++)g[i]=(g[i-1]*x+y)%z;
17     for(int i=1;i<=n;i++)
18     {
19        for(int j=1;j<=m;j++)
20           h[i][j]=g[①];
21     }
22     for(int i=1;i<=n;i++)
23     {
24        while(!p.empty())p.pop_back();
25        for(int j=1;j<=m;j++)
26        {
27           while(!p.empty()&&p.front()<=j-b)if(!p.empty())②
28           while(!p.empty()&&h[i][p.back()]>=h[i][j])if(!p.empty())
                p.pop_back();
29           p.push_back(j);
30           ③
31        }
32     }
33     while(!p.empty())p.pop_back();
34     for(int j=1;j<=m;j++)
```

```
35    {
36        while(!p.empty())p.pop_back();
37        for(int i=1;i<=n;i++)
38        {
39            while(!p.empty()&&p.front()<=i-a)if(!p.empty())p.
                  pop_front();
40            while(!p.empty()&&④)if(!p.empty())p.pop_back();
41            p.push_back(i);
42            if(i>=a&&j>=b)
43                ans+=⑤;
44        }
45    }
46    printf("%lld\n",ans);
47    return 0;
48 }
```

39. ①处应填（　　）。

A. `g[(i-1)*m+j]`　　B. `g[(i-1)*m+j-1]`

C. `g[(i)*m+j-1]`　　D. `g[(i)*m+j]`

40. ②处应填（　　）。

A. `p.pop_front();`　　B. `p.pop_back();`

C. `p.push_back(++j);`　　D. `p.push_front(++j);`

41. ③处应填（　　）。

A. `minn[i][j]=h[i][1];`　　B. `minn[i][j]=h[i][0];`

C. `minn[i][j]=h[i][p.front()];`　　D. `minn[i][j]=h[i][p.back()];`

42. ④处应填（　　）。

A. `minn[p.back()][j]>=minn[i][j]`

B. `minn[p.front()][j]>=minn[i][j]`

C. `minn[p.back()][j]<=minn[i][j]`

D. `minn[p.front()][j]<=minn[i][j]`

43. ⑤处应填（　　）。

A. `h[p.back()][j]`　　B. `h[p.front()][j]`

C. `minn[p.back()][j]`　　D. `minn[p.front()][j]`

提高组CSP-S 2025初赛模拟卷7

一、单项选择题（共15题，每题2分，共计30分；每题有且仅有一个正确选项）

1. 在NOI Linux系统终端的调试工具GDB的使用中，以下（　　）命令可以用来查看某个变量的值，并一直显示直到关闭或者程序结束。

   A. `print`　　B. `printf`　　C. `show`　　D. `display`

2. 以下关于数据结构的表述中不恰当的一项是（　　）。

   A. 并查集常用森林来表示

   B. AVL树插入破坏平衡的情况只有两种类型——LR和RL

   C. 线段树维护的常见区间信息包括区间最大值、区间最小值、区间和等

   D. 树状数组是主要用于前缀信息维护的一维数组

3. 在C++语言中，以下（　　）函数声明是合法的。

   A. `int InsertSort(char a[][], int n);`

   B. `int InsertSort(char a[10][], int n);`

   C. `int InsertSort(char a[][20], int n);`

   D. `int InsertSort(char[,] a, int n);`

4. 对于给定的代码，调用`fun(5,6)`得到的结果是（　　）。

```
int fun(int n, int m)
{
    if(1==n)
        return 1;
    else if(1==m)
        return n;
    else
        return fun(n-1,m)+fun(n,m-1);
}
```

   A. 210　　B. 126　　C. 252　　D. 240

5. 二项展开式(x+y)ⁿ的系数正好满足杨辉三角的规律，二项展开式中 xy^9 项的系数是（　　）。

A. 5　　B. 9　　C. 10　　D. 8

6. 以下不属于 TCP/IP 协议族中网络协议的是（　　）。

A. IMAP　　B. HTML　　C. TELNET　　D. UDP

7. 构建具有 n 个元素的笛卡儿树的时间复杂度是（　　）。

A. $O(\log n)$　　B. $O(n)$　　C. $O(n^2)$　　D. $O(n\log n)$

8. 考虑对 n 个数进行排序，以下方法中最坏情况下时间复杂度最差的排序方法是（　　）。

A. 桶排序　　B. 快速排序　　C. 堆排序　　D. 归并排序

9. 下面关于序列{2,7,1,5,6,4,3,8,9}的说法中正确的是（　　）。

A. {6,4,3}是它的唯一最长连续下降子序列

B. {1,5,6}是它的唯一最长连续上升子序列

C. {1,5,6,8,9}是它的唯一最长上升子序列

D. {7,5,4,3}是它的唯一最长下降子序列

10. 给定地址区间为 0~13 的哈希表，哈希函数为 h(x) = x % 13，采用线性探查的冲突解决策略（如果出现冲突情况，会往后探查第一个空的地址存储；若地址 13 冲突了，则从地址 0 重新开始探查）。哈希表初始为空表，依次存储(65, 34, 27, 80, 22, 57, 78)后，请问 78 存储在哈希表的哪个地址中？（　　）

A. 1　　B. 2　　C. 3　　D. 4

11. 对于一个无向连通图 G，顶点之间的强连通关系不具有（　　）。

A. 传递性　　B. 自反性　　C. 对称性　　D. 偏序性

12. 以下 C++程序运行后的输出结果为（　　）。

```
#include <bits/stdc++.h>
using namespace std;
int sum = 0;
int main()
{
```

```
    for (int i = 0; i <= 10; ++i)
        for (int j = 0; j <= 10; ++j)
            for (int k = 0; k <= 10; ++k)
                if (i + j + k == 15)
                    sum++;
    cout << sum << endl;
    return 0;
}
```

A. 84　　B. 90　　C. 91　　D. 96

13. 下面的程序使用出边的邻接表表示有向图，则下列选项中哪个是它表示的图？（　　）

```
#include <bits/stdc++.h>
struct Edge {
    int e;
    Edge * next;
};
struct Node {
    Edge * first;
};
int main() {
    Edge e[5] = {{l,nullptr}, &e[2]}, {2,{3,nullptr},
                {3,nullptr}, {0,nullptr}};
    Node n[4] = {&e[0],&e[1],&e[3], &e[4]};
    xxx;      //处理功能
    return 0;
}
```

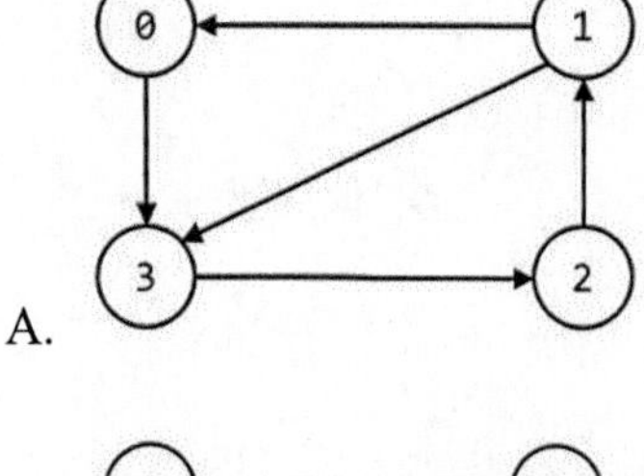

A.

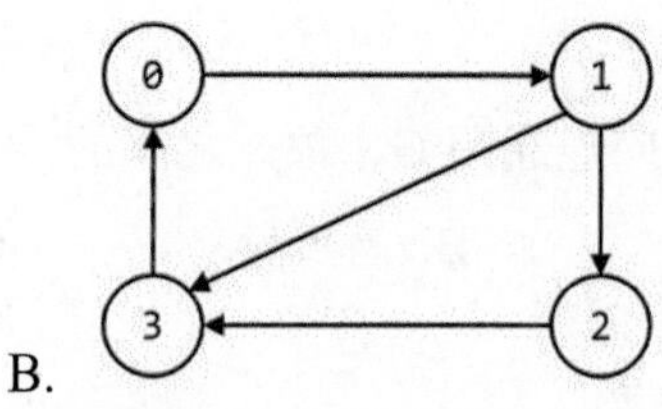

B.

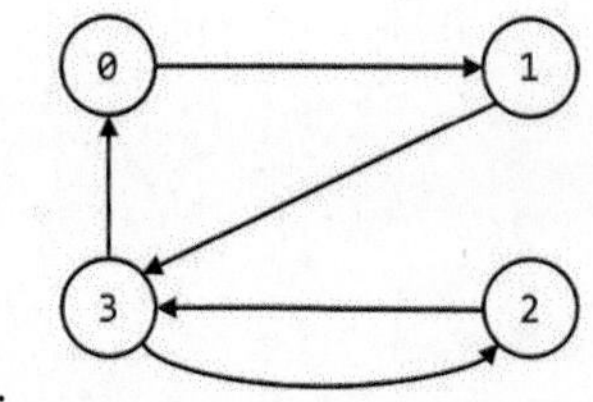

C.

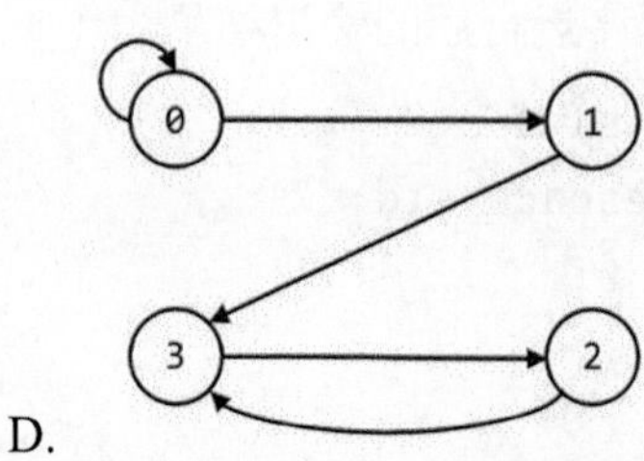

D.

14. 从不超过 30 的质数中随机抽取 2 个质数组成质数对（m, n），其中 $m \leq n$，则这 2 个质数组成的质数对中满足 $n - m \leq 3$ 的概率为（　　）。

A. 2/15　　B. 17/30　　C. 11/15　　D. 7/12

15. 在 4×4 方格表中，将若干格子染成黑色，每行每列恰有两个黑色格子的染色方法数为（　　）。

A. 90　　B. 72　　C. 84　　D. 96

二、阅读程序（程序输入不超过数组或字符串定义的范围；判断题正确填√，错误填×；除特殊说明外，判断题每题 1.5 分，选择题每题 3 分，共计 40 分）

（1）

```
01 #include <bits/stdc++.h>
02 using namespace std;
03 const int N=3e5+10;
04 int n,k;char temp;
05 bool a[N];int dp[N];
06 int sum1[N];int sum2[N];
07 int Stack[N];int head=1;int tail=0;
08 int main() {
09   scanf("%d%d",&n,&k);
10   getchar();
11   for(int i=1;i<=n;i++) {
12      temp=getchar();
13      if(temp=='H')a[i]=0,sum1[i]++;
14      else a[i]=1,sum2[i]++;
15      sum1[i]+=sum1[i-1];sum2[i]+=sum2[i-1];
16   }
17   Stack[++tail]=0;
18   for(int i=1;i<=n;i++) {
19      while(head<=tail&&i-Stack[head]>k)++head;
20      dp[i]=dp[Stack[head]]+((sum1[i]-sum2[i])
            <=(sum1[Stack[head]]-sum2[Stack[head]]));
21      while(head<=tail&&((dp[i]<dp[Stack[tail]]) ||
                (dp[i]==dp[Stack[tail]]
22         &&(sum1[i]-sum2[i])<=(sum1[Stack[tail]]-
              sum2[Stack[tail]]))))
23         tail--;
24      Stack[++tail]=i;
```

```
25    }
26    printf("%d",dp[n]);
27    return 0;
28 }
```

假设输入满足 1≤k≤n≤3e5，s 的长度为 n 且只含有'H'和'G'。

■ 判断题

16. 这段代码的时间复杂度为 $O(N)$。（ ）

17. 代码运行到第 20 行时，head 永远小于 tail。（ ）

18. 删除第 10 行代码，程序运行结果可能改变。（ ）

■ 选择题

19. 若程序输入

```
5 2
GGHGG
```

则程序的输出是（ ）。

A. 0　B. 1　C. 2　D. 3

20. 若程序输入

```
7 2
HGHGGHG
```

则程序的输出是（ ）。

A. 1　B. 2　C. 3　D. 4

21. 程序运行到最后一行时，以下哪个选项不成立？（ ）

A. sum1[n]+sum2[n] == n

B. tail-head <= n

C. stack[1] = 0

D. dp[n]不一定是 dp 数组中的最小值

（2）

```
01 #include <bits/stdc++.h>
02 #define int long long
03 using namespace std;
04 int n,a[1000010],b[1000010],now,ans,front,N=1000000,c[3000010],id;
05
```

```
06 int lowbit(int x){return x&-x;}
07
08 void update(int x,int v) {
09    x+=N;
10    for(int i=x;i<=n+N;i+=lowbit(i)) c[i]+=v;
11 }
12
13 int sum(int x) {
14    x+=N;
15    int ans=0;
16    for(int i=x;i;i-=lowbit(i)) ans+=c[i];
17    return ans;
18 }
19
20 signed main() {
21    ios::sync_with_stdio(0);
22    cin.tie(0),cout.tie(0);
23    cin>>n;
24    for(int i=0;i<n;i++) {
25        cin>>a[i];
26        b[i]=a[i]-(i+1);
27        now+=abs(b[i]);
28        update(b[i],1);
29    }
30    ans=now,id=0;
31    for(int i=1;i<n;i++) {
32        front=(front-1+n)%n;
33        b[front]-=i-1;
34        now-=abs(b[front]);
35        update(b[front],-1);
36        b[front]+=n-1;
37        now+=abs(b[front]);
38        int x=sum(0);
39        update(b[front],1);
40        N++;
41        now+=x*2-n+1;
42        if(ans>now) ans=now,id=i;
43    }
44    cout<<ans<<" "<<id;
45    return 0;
46 }
```

假设输入的是一个长度为 n 的排列，并且 1≤n≤1e6。

■ **判断题（每题 2 分）**

22. lowbit(114514)的结果是 2。 （ ）
23. 当 n=3 时，程序输出的 ans 值为 6。 （ ）
24. 第 32 行代码 front=(front-1+n)%n 可以改成 front=(front)%n-1。 （ ）

■ **选择题**

25. 第 35 行中 update(b[front],-1)的作用是（ ）。
    A. 将[1,b[front]]的元素都减去 1
    B. 将(b[front],n]的元素都减去 1
    C. 将 b[front]位置的元素减去 1
    D. 以上说法都不对

26. 若程序输入

```
3
2 3 1
```

则程序的输出为（ ）。

A. 0 0　　B. 0 1　　C. 1 0　　D. 1 1

27. （4 分）若程序输入

```
5
1 3 4 5 2
```

则程序的输出为（ ）。

A. 1 1　　B. 1 2　　C. 2 1　　D. 2 2

（3）

```
01 #include <iostream>
02 #include <cstdio>
03 #include <cstring>
04 using namespace std;
05 const int N=1e7+10,INF=1e9;
06 int n,m;
07 char a[N],b[N];
08 int z[N],p[N],f[N];
09 int l,r,q[N];
10 void Z(char *s,int n)
```

```
11 {
12   z[1]=n;
13   for(int i=2,l=0,r=0;i<=n;i++)
14   {
15      if(i<=r)z[i]=min(z[i-l+1],r-i+1);
16      while(i+z[i]<=n&&s[i+z[i]]==s[z[i]+1])z[i]++;
17      if(i+z[i]-1>r)l=i,r=i+z[i]-1;
18   }
19 }
20 void exkmp(char *s,int n,char *t,int m)
21 {
22   Z(t,m);
23   for(int i=1,l=0,r=0;i<=n;i++)
24   {
25      if(i<=r)p[i]=min(z[i-l+1],r-i+1);
26      while(i+p[i]<=n&&s[i+p[i]]==t[p[i]+1])p[i]++;
27      if(i+p[i]-1>r)l=i,r=i+p[i]-1;
28   }
29 }
30 int main()
31 {
32   scanf("%d %d %s %s",&m,&n,b+1,a+1);
33   exkmp(a,n,b,m);
34   for(int i=1,j=0;i<=n;i++)
35      j>i+p[i]?p[i]=0:j=i+p[i];
36   memset(f,0x3f,sizeof(f));
37   f[q[l=r=1]=n+1]=0;
38   for(int i=n;i;i--)
39   {
40      if(!p[i])continue;
41      while(l<=r&&q[l]>i+p[i])l++;
42      f[i]=f[q[l]]+1;
43      q[++r]=i;
44   }
45   if(f[1]<=INF)printf("%d\n",f[1]);
46   else puts("Fake");
47   return 0;
48 }
```

假设输入满足 1≤n,m≤1e7，并且|a|=n，|b|=m。

■ **判断题**

28. 如果字符串 a 和 b 不能完全匹配，代码会输出 Fake。 （ ）
29. a 的长度必须小于或等于 b 的长度，否则只能输出 Fake。 （ ）
30. 本段代码的时间复杂度是 $O(N)$。 （ ）

■ **选择题**

31. 若程序读入

```
3 5
aba
ababa
```

则 z 数组为（ ）。

A. 3 0 1　　B. 3 1 0　　C. 3 0 0　　D. 3 2 1

32. 程序读入

```
3 5
aba
ababa
```

后，f[i]（1≤i≤5）数组中 INF（即 0x3f3f3f3f）的个数为（ ）。

A. 0　　B. 1　　C. 2　　D. 3

三、完善程序（单选题，每小题 3 分，共计 30 分）

（1）题目描述：

有 n 株草，第 i 株的高度为($a_i 10^9$)，你可以预先拔掉不超过 k 株草，然后按如下方式操作：

选取没拔掉的草中最高的草（高度为 h），一次拔掉所有高度 $>\frac{h}{2}$ 的草。

你需要在操作次数最少的情况下，最小化预先拔掉的草的数量。

```
01 #include <bits/stdc++.h>
02 using namespace std;
03
04 const int N = 2e5 + 1;
05 int n, k, a[N], f[N][55];
06
07 int main()
08 {
```

```
09    scanf("%d %d", &n, &k);
10    for (int i = 1; i <= n; ++i) scanf("%d", &a[i]);
11    sort(a + 1, a + n + 1);
12    memset(f, 127, sizeof f);
13    f[0][0] = 0;
14    int P=①;
15    for (int i = 1; i <= n; ++i)
16    {
17       if (i <= k) f[i][0] = i;
18       int p = ②;
19       for (int j = 1; j < P; ++j)
20          f[i][j] = min(③);
21    }
22    for (int i = 0; i < P; ++i)
23       if (④)
24       {
25          printf("%d %d", i, f[n][i]);
26          ⑤
27       }
28    return 0;
29 }
```

33. ①处应填（　　）。

A. 30　　B. 31　　C. 63　　D. 64

34. ②处应填（　　）。

A. `upper_bound(a + 1, a + i + 1, a[i] / 2) - a - 1`

B. `upper_bound(a + 1, a + i + 1, a[i] ) - a - 1`

C. `upper_bound(a + 1, a + i + 1, a[i] / 2) - a`

D. `upper_bound(a + 1, a + i + 1, a[i] ) - a`

35. ③处应填（　　）。

A. `f[i - 1][j] + 1, f[i][j]`

B. `f[i - 1][j] + 1, f[i][j - 1]`

C. `f[i - 1][j] + 1, f[p][j]`

D. `f[i - 1][j] + 1, f[p][j - 1]`

36. ④处应填（　　）。

A. `f[n][i] <= P`　　B. `f[n][i] < P`

C. `f[n][i] <= k`　　D. `f[n][i] < k`

37. ⑤处应填（　　）。

A. 不填　　B. `return 0;`

C. `printf("\n");`　　D. `continue;`

（2）题目描述：

构建一个序列 a，满足 m 条限制。限制形如(l,r,q)：(a_1&a_{1+1}&⋯&a_{r-1}&a_r=q)（此处&为位运算的 AND 操作）。

```
01 #include <bits/stdc++.h>
02 using namespace std;
03 const int maxn=4e5+10,maxm=4e5+10;
04
05 int n,m;
06 int x,y,z;
07 int sm[maxn],lazy[maxn];
08 int s[maxm],h[maxm],t[maxm];
09
10 void pushdown(int o)
11 {
12   if(!lazy[o]) return;
13   lazy[o<<1]|=lazy[o];
14   lazy[o<<1|1]|=lazy[o];
15   sm[o<<1]|=lazy[o];
16   sm[o<<1|1]|=lazy[o];
17   ①
18 }
19 void update(int o,int l,int r)
20 {
21   if(②) {
22      lazy[o]|=z;
23      sm[o]|=z;
24      return;
25   }
26   pushdown(o);
```

```
27   int mid=(l+r)>>1;
28   if(x<=mid) update(o<<1,l,mid);
29   if(y>mid)  update(o<<1|1,mid+1,r);
30   ③
31 }
32 int query(int o,int l,int r)
33 {
34   if(x<=l&&r<=y) return sm[o];
35   pushdown(o);
36   int res=④;
37   int mid=(l+r)>>1;
38   if(x<=mid) res&=query(o<<1,l,mid);
39   if(y>mid) res&=query(o<<1|1,mid+1,r);
40   return res;
41 }
42
43 int main()
44 {
45   memset(sm,0,sizeof(sm));
46   memset(lazy,0,sizeof(lazy));
47   scanf("%d%d",&n,&m);
48   for(int i=1;i<=m;i++)
49   {
50      scanf("%d%d%d",&s[i],&h[i],&t[i]);
51      x=s[i],y=h[i],z=t[i];
52      update(1,1,n);
53   }
54   for(int i=1;i<=m;i++) {
55      x=s[i],y=h[i];
56      if(⑤) {
57         printf("NO\n");
58         return 0;
59      }
60   }
61   printf("YES\n");
62   for(int i=1;i<=n;i++) {
63      x=y=i;
64      printf("%d ",query(1,1,n));
65   }
66   return 0;
67 }
```

38. ①处应填（　　）。

A. `return;`
B. `lazy[o] = -1;`
C. `lazy[o] = 1;`
D. `lazy[o] ^= 1;`

39. ②处应填（　　）。

A. `x <= l || r <= y`
B. `x <= l && r <= y`
C. `!(x >= l) && !(r >= y)`
D. `!(x >= l) || !(r >= y)`

40. ③处应填（　　）。

A. `sm[o] = (sm[o<<1] | sm[o<<1|1]);`
B. `sm[o] = (sm[o<<1] ^ sm[o<<1|1]);`
C. `sm[o] = (sm[o<<1] + sm[o<<1|1]);`
D. `sm[o] = (sm[o<<1] & sm[o<<1|1]);`

41. ④处应填（　　）。

A. `res = (1ull<<29) - 1`
B. `res = (1ull<<30) - 1`
C. `res = (1ull<<31) - 1`
D. `res = (1ull<<32) - 1`

42. ⑤处应填（　　）。

A. `query(1,1,n) != t[i]`
B. `query(1,1,n) == t[i]`
C. `query(1,1,n) > t[i]`
D. `query(1,1,n) <= t[i]`

提高组 CSP-S 2025 初赛模拟卷 8

一、单项选择题（共 15 题，每题 2 分，共计 30 分；每题有且仅有一个正确选项）

1. 已知 x 为 int 类型的变量，下列表达式中不符合语法的是（　　）。

   A. &x+8　　B. x++9　　C. 1&+x　　D. x- -7

2. 在简单图中，有 n 个顶点的有向强连通图最多有（　　）条边，最少有（　　）条边。

   A. n*(n-1)/2　　n-1

   B. n*(n-1)/2　　n

   C. n*(n-1)　　n*(n-1)/2

   D. n*(n-1)　　n

3. STL 中 pair 定义在（　　）头文件中。

   A. map　　B. utility　　C. set　　D. algorithm

4. 以下属于 TCP/IP 协议族中应用层协议的是（　　）。

   A. UDP　　B. ARP　　C. SMTP　　D. ICMP

5. 下面有关数据结构并查集的说法中，错误的是（　　）。

   A. 并查集里面的结点信息通常用字典树进行存储

   B. 并查集支持的主要操作是查询两个元素是否属于同一个集合，将两个不同的集合合并为一个集合

   C. 并查集中一般估价函数与集合内结点的数量或表示集合的树的最大深度相关

   D. 带权并查集一般也支持路径压缩和启发式合并

6. 关于下面 C++代码的说法中不正确的是（　　）。

```
int Value(BiTree root)
{
    if(root == NULL)
        return 0;
    else
    {
```

```
        int x = Value(root->lchild);
        int y = Value(root->rchild);
        if(x > y)
            return x + 1;
        else
            return y + 1;
    }
}
```

A. 该代码可用于求二叉树的高度

B. 代码中函数 Value( )的参数 root 表示根结点，非根结点不可以作为参数

C. 代码中函数 Value( )采用了递归的方法

D. 代码中的函数 Value( )可用于计算二叉树的高度，但前提是该二叉树的结点都有 lchild 和 rchild 属性

7. Floyd-Warshall 算法的时间复杂度是（　　）。

A. $O(n^2\log n)$　　B. $O(n^2)$　　C. $O(n^3)$　　D. $O(n\log^2 n)$

8. 前缀表达式“+ 13 * 2 + 15 12”的值是（　　）。

A. 67　　B. 56　　C. 53　　D. 233

9. 下面有关 C++类和对象的说法中，错误的是（　　）。

A. 以 struct 声明的类中的成员默认为 public 形式

B. 以 class 声明的类中的成员默认为 private 形式

C. 类的成员函数具有访问类内所有成员的权限

D. 类可以实例化为对象，通常通过->访问对象的成员

10. 一个无向图包含 n 个顶点，则其最小生成树包含多少条边？（　　）

A. n　　B. n-1　　C. n/2　　D. n-1 或不存在

11. 一个盒子装有红、白、蓝、绿四种颜色的玻璃球，每种颜色的玻璃球至少有一个。从中随机拿出四个玻璃球，这四个球都是红色的概率为 p1，恰好有三个红色和一个白色的概率为 p2，恰好有两个红色、一个白色和一个蓝色的概率为 p3，四种颜色各有一个的概率为 p4。若恰好有 p1=p2=p3=p4，则这个盒子里玻璃球的个数的最小值等于（　　）。

A. 17　　B. 19　　C. 21　　D. 23

12. 考虑下列 32 个数：1!, 2!, 3!, …, 32!，请你去掉其中的一个数，使得其余各数的乘积为一个完全平方数，则划去的那个数是（　　）。

A. 12!　　B. 14!　　C. 16!　　D. 18!

13. 下面关于 C++语言中指针的说法正确的是（　　）。

A. 在 32 位计算机中一个指针变量占 4 字节

B. 指针运算实际上是地址操作，只能取地址和间接访问，不能进行加减运算

C. 数组名不是指向数组元素的指针变量

D. 指针只可以静态申请内存空间

14. 以下关于搜索算法的说法中（　　）是错误的。

A. 记忆化搜索算法通常使用数组、映射等作为状态存储的数据结构

B. 剪枝优化算法消耗的时间和空间一定都比原算法更少

C. 启发式搜索算法通常需要定义一个启发式函数

D. 当搜索空间较大，目标解深度未知时，迭代加深搜索在时间复杂度方面优于深度优先搜索，在空间复杂度方面优于广度优先搜索

15. 若一个三位数的各位数字之和为 10，则称这个数为 SQSM 数，如 208, 136, 370 都是 SQSM 数。现从所有三位数中任取一个数恰好为 SQSM 数的概率是（　　）。

A. 1/20　　B. 7/90　　C. 3/50　　D. 1/15

二、阅读程序（程序输入不超过数组或字符串定义的范围；判断题正确填√，错误填×；除特殊说明外，判断题每题 1.5 分，选择题每题 3 分，共计 40 分）

（1）题目描述：

输入是一个仅包含大写字母的字符串，未特殊说明的情况下，默认输入的数据字符串长度不超过 20。

```
01 #include <bits/stdc++.h>
02 using namespace std;
03 const int maxn = 2e5 + 5;
04 string str;
05 int num[30], n;
06 long long F[maxn];
07 long long comb(int n, int m) {
```

```
08    if(m < 0 || m > n) return 0;
09    return F[n] / F[m] / F[n-m];
10 }
11 long long dfs(int len, int now) {
12    if(len == n - 1)   return 1;
13    if(len != -1 && now < str[len] - 'A') {
14       int need = n - len - 1;
15       long long tmp = 1;
16       for(int i = 0; i < 26; i++)
17          if(num[i]) {
18             tmp *= comb(need, num[i]);
19             need -= num[i];
20          }
21       return tmp;
22    }
23    long long tmp = 0;
24    for(int i = 0; i < 26; i++) {
25       if(i <= str[len+1] - 'A' && num[i]) {
26          num[i]--;
27          tmp += dfs(len + 1, i);
28          num[i]++;
29       }
30    }
31    return tmp;
32 }
33 int main() {
34    F[0] = 1;
35    cin >> str;
36    n = str.size();
37    for(int i = 1; i <= n; i++) {
38       F[i] = F[i-1] * i;
39    }
40    for(int i = 0; i < n; i++)
41       num[str[i]-'A']++;
42    cout << dfs(-1,30);
43 }
```

■ 判断题

16. 若删除第8行，程序运行结果一定不变。 (   )

17. 若将第38行改为 F[i+1] = F[i] * i，程序运行结果一定不变。 (   )

18. 若输入的字符串长度大于 20，则程序可能产生未定义行为。（　　）
19. 若删除第 34 行，则无论输入什么，输出都为 0。（　　）

■ 选择题

20. 若输入的字符串为 CCCCCCCCCC（10 个 C），则输出为（　　）。

A. 1　　B. 10

C. 55　　D. 3628800（10 的阶乘）

21. 若输入的字符串为 DBDC，则输出为（　　）。

A. 2　　B. 4　　C. 8　　D. 24

（2）

```
01 #include <bits/stdc++.h>
02 using namespace std;
03 int n;
04 int dfs(vector<int> a, int l = 0, int r = n - 1) {
05     if(l == r && l != n / 2)   return 0;
06     int t = a[rand() % (r - l + 1)];
07     vector<int>low, up;
08     for(int i = 0; i < r - l + 1; i++) {
09         if(a[i] < t) {
10             low.push_back(a[i]);
11         }else if(a[i] > t) {
12             up.push_back(a[i]);
13         }
14     }
15     if(l + (int)low.size() - 1 >= n / 2)
16         return dfs(low, l, l + low.size() - 1);
17     else if(r - up.size() + 1 <= n / 2)
18         return dfs(up, l + low.size() + 1, r);
19     else
20         return t;
21 }
22 int main() {
23     cin >> n;
24     vector<int>a(n);
25     for(int i = 0; i < n; i++) {
26         cin >> a[i];
```

```
27      }
28      cout << dfs(a);
29  }
```

■ 判断题

22. 若将第 6 行改为 int t = a[0]，程序运行结果不会发生改变。（　　）

23. 若将第 4 行的后两个参数改为 int l, int r，程序运行结果不会发生改变。（　　）

24. 第 5 行的后面应该再加一个判断语句 if(l > r) return 0;，否则程序可能会发生死循环。（　　）

25. 若输入的 n 的值为 1，则无论输入什么，输出都为 0。（　　）

■ 选择题

26. 该程序的期望时间复杂度为（　　）。

A. $O(n\log n)$　　B. $O(n^2)$　　C. $O(\log n)$　　D. $O(n)$

27.（4 分）若输入为 6 1 10 7 8 2 2，则输出为（　　）。

A. 6　　B. 8　　C. 2　　D. 7

（3）

```
01  #include <bits/stdc++.h>
02  using namespace std;
03  #define ll long long
04  const int maxm = 1e6 + 5;
05  class hash_map {
06  public:
07      struct node {
08          ll u;
09          ll v,next;
10      } e[maxm<<1];
11      ll head[maxm],nume,numk,id[maxm];
12      ll& operator[](ll u) {
13          int hs = u % maxm;
14          for(int i = head[hs]; i; i = e[i].next)
15              if(e[i].u == u) return e[i].v;
16          if(!head[hs])   id[++numk] = hs;
17          return e[++nume] = (node){u,0,head[hs]}, head[hs] =
                nume, e[nume].v;
18      }
```

```
19     void clear() {
20         for(int i = 0; i <= numk; i++)
21             head[id[i]] = 0;
22         numk = nume = 0;
23     }
24 } m;
25 int main() {
26     int n;
27     ll a, b, c;
28     cin >> n;
29     while(n--) {
30         cin >> a;
31         if(a == 1) {
32             cin >> b >> c;
33             m[b] = c;
34         } else {
35             cin >> b;
36             cout << m[b] << endl;
37         }
38     }
39 }
```

■ 判断题

28. 该 hash_map 只能存储整数与整数的对应关系，无法存储字符串或小数与整数的对应关系。 ( )

29. 首先输入 1 使得 n=1，然后再输入 2 3，则输出为 0。 ( )

30. 若输入的所有 a 都为 1，则程序没有输出。 ( )

31. 若先输入 3，然后输入 1 2 3\n 1 2 4\n 2 2（其中\n 为换行符），则输出为 4。 ( )

■ 选择题

32. 该代码解决哈希冲突的方式为（ ）。

A. 链地址法

B. 线性探测再哈希法

C. 再哈希法

D. 该代码不解决冲突，只是避免了冲突的发生

33. 若已插入元素的数量为 n，数组大小为 m（本代码中 m 为 10^6），则调用 clear()函数的时间复杂度为（　　）。

A. $O(n)$　　B. $O(m)$　　C. $O(n+m)$　　D. $O(nm)$

34. 若已插入元素的数量为 n，且 n 的大小约为 $m/100$，则单次调用[]的平均时间复杂度和最坏情况下的时间复杂度为（　　）。

A. $O(n)$，$O(n)$　　B. $O(1)$，$O(n)$　　C. $O(1)$，$O(1)$　　D. $O(1)$，$O(\log n)$

三、完善程序（单选题，每小题 3 分，共计 30 分）

（1）题目描述：

（树的重心）给出一棵无根树，求树的重心。树的重心的定义是：在一棵树中，当删除某个特定结点以及与该结点相连的所有边后，剩余的各个连通块中，最大连通块所包含的结点数量达到最小，具有这种特性的结点就是树的重心。若有多个符合条件的结点，则输出编号最小的那个。

思路：对每一个结点的每一棵子树求最大值，找到最大子树最小的结点即可。

```
01  #include <bits/stdc++.h>
02  using namespace std;
03  const int maxn = 2e4 + 5;
04  int son[maxn], n, ans=1, size=1e5;
05  vector<int>G[maxn];
06  void dfs(int now, int pre) {
07      int tmp = 0;
08      son[now] = 1;
09      for(int i = 0; i < G[now].size(); i++) {
10          int nxt = G[now][i];
11          if(nxt != pre) {
12              dfs(nxt, now);
13              son[now] += ①;
14              tmp = max(tmp, ②);
15          }
16      }
17      tmp = max(tmp, ③);
18      if(④) {
19          ans = now;
20          size = tmp;
```

```
21        }
22    }
23    int main() {
24        cin >> n;
25        for(int i = 1; i < n; i++) {
26            int u, v;
27            cin >> u >> v;
28            G[u].push_back(v);
29            G[v].push_back(u);
30        }
31        dfs(1,-1);
32        cout << ans << endl;
33    }
```

35. ①处应填（　　）。

A. son[nxt]　　B. son[nxt]+1　　C. 1　　D. son[now]

36. ②处应填（　　）。

A. son[now]　　B. son[now]+1　　C. son[nxt]+1　　D. son[nxt]

37. ③处应填（　　）。

A. son[now]　　B. n-son[now]

C. n-son[now]-1　　D. son[now]+1

38. ④处应填（　　）。

A. tmp < size

B. tmp <= size

C. tmp*maxn + now < size*maxn + ans

D. now*maxn + tmp < ans*maxn + size

（2）题目描述：

（数字游戏）Alice 和 Bob 正在玩数字游戏。初始时两个人手中的数字分别为 a 和 b，两个人轮流操作，每次操作要么将手中的数字加上对方手中的数字，然后对 n 求余；要么用手中的数字乘以对方手中的数字，然后对 n 求余。得到的新数字替换自己手上原来的数字。假设 n=5，a=2，b=3，那么 Alice 可以用第一种操作使得自己手中的数字变成 0（(2+3)%5=0），或者用第二种操作让自己手中的数字变成 1（(2*3)%5=1）。

谁先让自己手中的数字变为 0，谁就获胜。输出 1 表示先手必胜，0 表示平局，-1 表示后手必胜。

```
01 #include <bits/stdc++.h>
02 using namespace std;
03 vector<int> g[1100000];
04 int f[1100000];
05 int n, k, a, b;
06 #define id(a,b) (a*n+b)
07 int cnt[1100000];
08 void init(int n) {
09     for(int i = 1; i < n; i++)
10         for(int j = 1; j < n; j++)
11             g[id(j,①)].push_back(id(i,j));
12     for(int i = 1; i < n; i++)
13         for(int j = 1; j < n; j++)
14             g[id(j,(i+j)%n)].push_back(id(i,j));
15 }
16 int main() {
17     cin >> n;
18     init(n);
19     queue<pair<int, int> > Q;
20     for(int i = 0; i <= n * n; i++)
21         cnt[i] = ②;
22     for(int i = 1; i < n; i++)
23         Q.push(③);
24     while(!Q.empty()) {
25         pair<int, int> x = Q.front();
26         Q.pop();
27         for(int y : g[x.first]) {
28             if (④)   continue;
29             if (!x.second) {
30                 f[y] = 1;
31                 Q.push({y, 1});
32             } else {
33                 cnt[y]--;
34                 if(!cnt[y]) {
35                     f[y] = -1;
36                     Q.push(⑤);
37                 }
```

```
38            }
39         }
40     }
41     cin >> a >> b;
42     cout << f[⑥] << endl;
43 }
```

39. ①处应填（　　）。

A. i+j%n　　B. i+j　　C. i*j　　D. (i*j)%n

40. ②处应填（　　）。

A. 2　　B. 1　　C. n　　D. n/2

41. ③处应填（　　）。

A. {i, 0}　　B. {i, 1}　　C. {n*i, 0}　　D. {n*i, 1}

42. ④处应填（　　）。

A. f[y]==0　　B. f[y]!=0

C. f[x.second]!=0　　D. f[x.second]==0

43. ⑤处应填（　　）。

A. {y, 0}　　B. {y, -1}　　C. {y, 1}　　D. {y, n}

44. ⑥处应填（　　）。

A. a+b　　B. a*b%n　　C. (a+b)%n　　D. id(a,b)

提高组 CSP-S 2025 初赛模拟卷 9

一、单项选择题（共 15 题，每题 2 分，共计 30 分；每题有且仅有一个正确选项）

1. 以下选项中，（　　）不属于 Linux 操作系统。

A. Debian　　B. Harmony　　C. Ubuntu　　D. Fedora

2. 下面的 C++代码构成的是（　　）类型的数据结构。

```
typedef struct LinkList {
    int value;
    LinkList* lft;
    LinkList* rgt;
} LinkList,LinkNode;
bool ListInit(Linklist* &LL) {
    LL = new LinkNode;
    if(!LL)
        return false;
    LL->lft = NULL;
    LL->rgt = NULL;
    LL->value = -1;
    return true;
}
```

A. 双向链表　　B. 单向链表　　C. 循环链表　　D. 双向栈

3. 后缀表达式 `1 34 + 5 * 56 7 / -`的前缀表达式为（　　）。

A. `1 + 34 * 5 - 56 / 7`　　B. `- * 1 + 34 5 / 56 7`

C. `- * + 1 34 5 / 56 7`　　D. `- 1 + 34 * 5 56 / 7`

4. 以下选项中属于面向对象的解释型高级语言的是（　　）。

A. C++　　B. C　　C. Fortran　　D. Python

5. 高斯消元法不能用于求解（　　）。

A. 线性方程组　　B. 逆矩阵　　C. 第 k 个质数　　D. 行列式

6. 以下哪个说法是正确的？（　　）

A. 在 CSP-J/S 初赛中交卷后，考试结束前，可以回考场取遗忘的身份证

B. IOI 参赛选手可携带已关机的手机并放在自己座位后面的包里

C. IOI 参赛选手在比赛时间内去厕所的时候可携带手机

D. CCF 的全称是中国计算机学会

7. 下列关于树的描述中正确的是（　　）。

A. 在含有 n 个结点的最小生成树中，边数只能是 $n-1$ 条

B. 在哈夫曼树中，叶子结点的个数比非叶子结点的个数多 1 或 2

C. 完全二叉树一定是二叉排序树

D. 在二叉树的后序遍历序列中，若结点 u 在结点 v 之前，则 u 一定是 v 的祖先

8. 有 11 个黑球和 9 个红球，将球依次取出，剩下的球全是一种颜色就结束，最后只剩下红球的概率为（　　）。

A. 5/12　　B. 2/5　　C. 1/2　　D. 9/20

9. 关于图 G=(V, E)，顶点数为 n，边数为 m，下列说法中正确的是（　　）。

A. Prim 算法用到了二分算法的思想

B. Kruskal 算法和 Prim 算法只有一种用到了贪心算法的思想

C. 如果使用邻接表来存储图 G，并使用优先队列进行优化，Prim 算法的时间复杂度可以从 $O(n^2)$缩减为 $O(m\log n)$

D. 基于并查集的 Kruskal 算法的时间复杂度为 $O(m\log n)$

10. 对长度为 x 的有序单链表，若检索每个元素的概率相等，则顺序检索到表中任一元素的平均检索长度为（　　）。

A. x/2　　B. (x+1)/2　　C. (x-1)/2　　D. x/3

11. 下列选项中哪个不属于与初等数论有关的定理或者算法？（　　）

A. 欧拉定理　　B. 裴蜀定理

C. 中国剩余定理　　D. 欧拉路

12. 有如下递归代码（假设非负整数 a≤b）：

```
int fun(int a, int b) {
    while(a > 0)
```

```
    {
        int tmp = a;
        a = b % a;
        b = tmp;
    }
    return b;
}
```

最坏情况下程序的时间复杂度为（　　）。

A. $O(\log n)$　　B. $O(n)$　　C. $O(n\log n)$　　D. $O(n^2)$

13. 一堆卡片共 3234 张，若每次取相同的质数张，若干次后刚好取完，不同的取法有 A 种；若每次取相同的奇数张，若干次后刚好取完，不同的取法有 B 种。则 A+B =（　　）。

A. 17　　B. 16　　C. 15　　D. 14

14. 从乘法算式 $1\times2\times3\times4\times\cdots\times26\times27$ 中最少要删掉（　　）个数，才能使得剩下的数的乘积是完全平方数。共有（　　）种不同的删除方法。

A. 4　3　　B. 5　3　　C. 5　2　　D. 4　2

15. A 是一个两位数，它的 6 倍是一个三位数 B，如果把 B 放在 A 的左边或者右边得到两个不同的五位数，并且这两个五位数的差是一个完全平方数（整数的平方），那么 A 的所有可能取值之和为（　　）。

A. 135　　B. 144　　C. 145　　D. 146

二、阅读程序（程序输入不超过数组或字符串定义的范围；判断题正确填√，错误填×；除特殊说明外，判断题每题 1.5 分，选择题每题 3 分，共计 40 分）

（1）

```
01 #include <bits/stdc++.h>
02 using namespace std;
03 const int N = 1e5 + 10;
04
05 priority_queue<int> q1;
06 priority_queue<int, vector<int>, greater<int> > q2;
07 int n, a;
```

```
08 int main() {
09     cin >> n;
10     cin >> a;
11     cout << a << " ";
12     q1.push(a);
13     for (int i = 2; i <= n; i++) {
14         cin >> a;
15         if (a > q1.top())
16             q2.push(a);
17         else
18             q1.push(a);
19         while (abs((int)(q1.size() - q2.size())) > 1)
20             if (q1.size() > q2.size()) {
21                 q2.push(q1.top());
22                 q1.pop();
23             } else {
24                 q1.push(q2.top());
25                 q2.pop();
26             }
27         if (i % 2) {
28             cout<<(q1.size()>q2.size()?q1.top():q2.top())<<" ";
29         }
30     }
31     return 0;
32 }
```

■ **判断题**

16. 若程序输入 5 3 2 1 4 5，则最终输出为 3 2 3。（　　）

17. （2 分）若将第 15 行中的>改为>=，程序输出一定不会改变。（　　）

18. 若将头文件#include <bits/stdc++.h>改成#include <stdio.h>，程序仍能正常运行。（　　）

■ **选择题**

19. 若输入 4 3 5 2 7，则输出是什么？（　　）

A. 3 3 3 3　　B. 3 3　　C. 3 3 5　　D. 3 5

20. （4 分）若将第 27 行改为 i % 2 == 0，则输入 4 3 5 2 7 时，输出是什么？（　　）

A. 3 3　　B. 3 5 3　　C. 3 2 3　　D. 3 5 5

（2）

```
01 #include <bits/stdc++.h>
02 using namespace std;
03 #define INF 0x3f3f3f3f
04 const int N = 1e2 + 10, M = 5e3 + 10;
05
06 int n, m;
07 int a[N][N];
08 int d[N], f[N];
09 void p() {
10     for (int i = 1; i <= n; i++) {
11         f[i] = 0;
12         d[i] = INF;
13     }
14     f[1] = 0;
15     d[1] = 0;
16     for (int i = 1; i < n; i++) {
17         int mn = INF;
18         int t;
19         for (int j = 1; j <= n; j++) {
20             if ((f[j] ^ 1) && d[j] < mn) {
21                 t = j;
22                 mn = d[j];
23             }
24         }
25         f[t] = 1;
26         for (int j = 1; j <= n; j++) {
27             if (a[t][j] + 1 == 0)
28                 continue;
29             d[j] = min(d[j], mn + a[t][j]);
30         }
31     }
32 }
33 int dd[N];
34 int dfs(int u) {
35     if (u == 1)
36         return 0;
37     for (int i = 1; i <= n; i++) {
38         if (a[i][u] == -1)
39             continue;
```

```
40          if (a[i][u] + d[i] == d[u]) {
41              a[i][u] <<= 1;
42              a[u][i] <<= 1;
43              for (int j = 1; j <= n; j++) {
44                  f[j] = 0;
45                  dd[j] = INF;
46              }
47              f[1] = 0;
48              dd[1] = 0;
49              for (int j = 1; j <= n; j++) {
50                  int mn = INF;
51                  int id;
52                  for (int k = 1; k <= n; k++) {
53                      if ((f[k] & 1) || dd[k] >= mn)
54                          continue;
55                      id = k;
56                      mn = dd[k];
57                  }
58                  f[id] ^= 1;
59                  if (id == n)
60                      break;
61                  for (int k = 1; k <= n; k++) {
62                      if (a[id][k] <= -1)
63                          continue;
64                      dd[k] = min(dd[k], mn + a[id][k]);
65                  }
66              }
67              int tmp = dd[n];
68              a[i][u] >>= 1;
69              a[u][i] >>= 1;
70              return max(tmp, dfs(i));
71          }
72      }
73      return 0;
74  }
75  int main() {
76      memset(a, -1, sizeof a);
77      cin >> n >> m;
78      for (int i = 0; i < m; i++) {
79          int u, v, w;
80          cin >> u >> v >> w;
```

```
81          a[u][v] = a[v][u] = w;
82      }
83      p();
84      int ans = d[n];
85      cout << dfs(n) - ans;
86      return 0;
87  }
```

程序输入为一张带权无向连通图且没有重边，其中 n(n≤100)为顶点数，m 为边数，边权不超过 1000000，完成下面的判断题和选择题。

■　判断题

21. 函数 p 的时间复杂度为 $O(n^2)$。（　　）

22. 第 76 行中 a 数组的初始值为 $2^{31}-1$。（　　）

23. 最终的输出值可能为负。（　　）

24. 若输入 5 7 2 1 5 1 3 1 3 2 8 3 5 7 3 4 3 2 4 7 4 5 2，则输出为 2。（　　）

■　选择题

25. 若将第 14 行改为 f[1] = 1，则按照第 24 题的输入，最终的输出为（　　）。

A. 2　　B. -6　　C. 1061109567　　D. -1061109567

26. 若将第 41 行和第 42 行中的<<= 1 改为*= 3，第 68 行和第 69 行中的>>= 1 改为/= 3，则按照第 24 题的输入，最终的输出为（　　）。

A. 6　　B. 8　　C. 2　　D. 1

（3）

```
01 #include <bits/stdc++.h>
02 using namespace std;
03 const int N = 1e2 + 10;
04 
05 int n, m;
06 int fx[] = {-1, 1, 0, 0};
07 int fy[] = {0, 0, -1, 1};
08 vector<pair<int, int> > f[N][N];
09 int vis[N][N], a[N][N];
10 int main() {
```

```
11      cin >> n >> m;
12      for (int i = 0; i < m; i++) {
13          int x, y, xx, yy;
14          cin >> x >> y >> xx >> yy;
15          f[x][y].push_back({xx, yy});
16      }
17      int ans = 1;
18      a[1][1] = 1;
19      queue<pair<int, int> > q;
20      q.push({1, 1});
21      vis[1][1] = 1;
22      while (!q.empty()) {
23          pair<int, int> u = q.front();
24          q.pop();
25          for (int i = 0; i < 4; i++) {
26              int xx = u.first + fx[i], yy = u.second + fy[i];
27              if (xx<1||xx>n||yy<1||yy>n||vis[xx][yy]||(!a[xx][yy]))
28                  continue;
29              vis[xx][yy] = 1;
30              q.push({xx, yy});
31          }
32          for (int i = 0;i < f[u.first][u.second].size();i++) {
33              pair<int, int> v = f[u.first][u.second][i];
34              if (vis[v.first][v.second])
35                  continue;
36              if (a[v.first][v.second] == 0)
37                  ans++;
38              else
39                  continue;
40              a[v.first][v.second] = 1;
41              for (int j = 0; j < 4; j++) {
42                  int xx=v.first+fx[j], yy=v.second+fy[j];
43                  if (xx < 1 || xx > n || yy < 1 || yy > n)
44                      continue;
45                  if (vis[xx][yy]) {
46                      q.push({v.first, v.second});
47                      vis[v.first][v.second] = 1;
48                      break;
49                  }
50              }
51          }
```

```
52
53     }
54     cout << ans;
55     return 0;
56 }
```

假设程序的输入是一个 N×N 的网格，N 不超过 100，M 是对网格的 M 种相同的约束，M 不超过 200000。

■ **判断题**

27. 若将第 27 行中的 if 语句改为 if(vis[xx][yy]||(!a[xx][yy]))，输出结果不变。（ ）

28. 若输入为 3 6 1 1 1 2 2 1 2 2 1 1 1 3 2 3 3 1 1 3 1 2 1 3 2 1，则输出为 5。（ ）

■ **选择题**

29. 该算法的时间复杂度为（ ）。

A. $O(N^2)$　　B. $O(M)$　　C. $O(N+M)$　　D. $O(N^2+M)$

30. 若输入 4 8 1 1 1 2 1 1 3 4 1 1 2 1 1 2 1 3 1 3 3 1 3 4 4 2 2 1 4 1 4 1 2 2，则输出为（ ）。

A. 6　　B. 7　　C. 8　　D. 9

31. 若将第 25 行到第 31 行注释掉，输入与第 30 题相同的数据，则输出为（ ）。

A. 6　　B. 7　　C. 8　　D. 9

32. （4 分）如果不在第 37 行进行 ans++，而是在第 29 行和第 47 行进行 ans++，然后输入与第 30 题相同的数据，则输出为（ ）。

A. 6　　B. 7　　C. 8　　D. 9

三、完善程序（单选题，每小题 3 分，共计 30 分）

（1）题目描述：

小 J 有一个长度为 n（1≤n≤1000）的 a 数组，小 P 有一个长度为 m（1≤m≤1000）的 b 数组。现在小 J 与小 P 要分别从各自的数组中选出 k（1≤k≤10）个数字，小 J 选出的数字中最大的数字与小 P 选出的数字中最大的数字进行比较，小 J 选出的数字中次大的数字与小 P 选出的次大的数字进行比较，以此类推。如果小 J 选出的每个数字都比相对应的小 P 选出的数字大的话，小 J 就获得了胜利。

请求出在所有选出 k 个数字的情况中，有多少种情况小 J 可以获胜，输出方案数对 1000000009 取模的结果。

```
01 #include <bits/stdc++.h>
02 #define ll long long
03 using namespace std;
04 const int N = 1e3 + 10;
05 const ll mod = 1e9 + 9;
06
07 int n, m, k;
08 int a[N], b[N];
09 ll f[2][N][20];
10 int main() {
11     cin >> n >> m >> k;
12     for (int i = 1; i <= n; i++)
13         cin >> a[i];
14     for (int i = 1; i <= m; i++)
15         cin >> b[i];
16     sort(a + 1, a + 1 + n), sort(b + 1, b + 1 + m);
17     for (int i = 0; i <= 1; i++) {
18         for (int j = 0; j <= m; j++) {
19             f[i][j][0] = 1;
20         }
21     }
22     for (int i = 1; i <= n; i++) {
23         int id = i % 2;
24         for (int j = 1; j <= m; j++) {
25             for (int t = 1; t <= k; t++) {
26                 ①;
27                 ②;
28                 f[id][j][t]=(f[id][j][t]+f[id][j-1][t])%mod;
29                 ③;
30                 if (a[i] > b[j])
31                     ④;
32             }
33         }
34     }
```

```
35     cout << ⑤;
36     return 0;
37 }
```

33. ①处应填（　　）。

A. `f[i][j][t] = 0`

B. `f[i][j][t] = f[i - 1][j - 1][t - 1]`

C. `f[id][j][t] = 0`

D. `f[id][j][t] = f[id - 1][j - 1][t - 1]`

34. ②处应填（　　）。

A. `f[id][j][t] += f[id - 1][j][t]`

B. `f[id][j][t] = (f[id][j][t] + f[id - 1][j][t]) % mod`

C. `f[id][j][t] += f[id ^ 1][j][t]`

D. `f[id][j][t] = (f[id][j][t] + f[id ^ 1][j][t]) % mod`

35. ③处应填（　　）。

A. `f[id][j][t] = (f[id][j][t] - f[id ^ 1][j - 1][t]) % mod`

B. `f[id][j][t] = (f[id][j][t] - f[id ^ 1][j - 1][t - 1]) % mod`

C. `f[id][j][t] = (f[id][j][t] - f[id ^ 1][j - 1][t - 1] + mod) % mod`

D. `f[id][j][t] = (f[id][j][t] - f[id ^ 1][j - 1][t] + mod) % mod`

36. ④处应填（　　）。

A. `f[id][j][t] = (f[id][j][t] + 1) % mod`

B. `f[id][j][t] = (f[id][j][t] + f[id ^ 1][j - 1][t]) % mod`

C. `f[id][j][t] = (f[id][j][t] + f[id ^ 1][j - 1][t - 1] + 1) % mod`

D. `f[id][j][t] = (f[id][j][t] + f[id ^ 1][j - 1][t - 1]) % mod`

37. ⑤处应填（　　）。

A. `f[n^1][n][k]`　　　　B. `f[n&1][m][k]`

C. `f[n^1][m][k]`　　　　D. `f[n][m][k]`

（2）题目描述：

小J想要制造k（1≤k≤100000）台机器人，每台机器人有N（1≤N≤100000）个位置必须装上控制器，小J可以选择不同型号的控制器安装在每个位置上，每种型号的花费不同。

为了让 k 台机器人看起来不那么假，小 J 希望没有两台机器人的控制器是完全相同的。对于任意两台机器人来说，至少要有一个位置，在这个位置上两台机器人安装了不同的控制器（题目保证控制器种类总能满足需求）。

现在小 J 希望他的机器人造价尽可能低，请计算最小费用。

输入 m[i]（1≤m[i]≤10）表示第 i 个位置可以安装的控制器数，p[i][j]（1≤p[i][j]≤100000000）表示在第 i 个位置安装第 j 种控制器的花费。

```
01 #include <bits/stdc++.h>
02 #define fi first
03 #define se second
04 #define ll long long
05 using namespace std;
06 typedef pair<int, int> PII;
07 const int N = 1e5 + 10;
08
09 int n, k;
10 int m[N], p[N][20], tmp[N];
11 int a[N][20];
12 struct node {
13     ll x, y, v;
14     bool operator < (const node &t) const {
15         ①;
16     }
17 };
18 int main() {
19     cin >> n >> k;
20     vector<PII> t;
21     for (int i = 1; i <= n; i++) {
22         cin >> m[i];
23         for (int j = 1; j <= m[i]; j++) {
24             cin >> p[i][j];
25         }
26         sort(p[i] + 1, p[i] + 1 + m[i]);
27         if (m[i] > 1)
28             ②;
29         else
30             t.push_back({-p[i][1], i});
31     }
```

```
32      sort(t.begin(), t.end());
33      for (int i = 1; i <= n; i++) {
34          int id = t[i - 1].se;
35          for (int j = 1; j <= m[id]; j++) {
36              a[i][j] = p[id][j];
37          }
38          tmp[i] = m[id];
39      }
40      for (int i = 1; i <= n; i++)
41          m[i] = tmp[i];
42      ll x, y, v = 0;
43      for (int i = 1; i <= n; i++) {
44          v += a[i][1];
45      }
46      for (int i = 1; i <= n; i++) {
47          if (t[i - 1].fi >= 0) {
48              x = i;
49              break;
50          }
51      }
52      ll ans = v;
53      priority_queue<node> q;
54      k--;
55      ③;
56      while (!q.empty() && k) {
57          k--;
58          node u = q.top();
59          q.pop();
60          x = u.x, y = u.y, v = u.v;
61          ans += v;
62          if (y < m[x])
63              ④;
64          if (x < n)
65              q.push({x + 1, 2, v - a[x + 1][1] + a[x + 1][2]});
66          if (x < n && y == 2)
67              ⑤;
68      }
69      cout << ans;
70      return 0;
71  }
```

38. ①处应填（　　）。

A. `return v < t.v`　　B. `return v > t.v`

C. `return x > t.x`　　D. `return y > t.y`

39. ②处应填（　　）。

A. `t.push_back({-p[i][1], i})`

B. `t.push_back({p[i][1], i})`

C. `t.push_back({p[i][m[i]] - p[i][1], i})`

D. `t.push_back({p[i][2] - p[i][1], i})`

40. ③处应填（　　）。

A. `q.push({x, 1, 0})`

B. `q.push({x, 1, v})`

C. `q.push({x,2,v+a[x][2]-a[x][1]})`

D. `q.push({x, 2, v})`

41. ④处应填（　　）。

A. `q.push({x, y + 1, v - a[x][y] + a[x][y + 1]})`

B. `q.push({x, y + 1, v + a[x][y + 1]})`

C. `q.push({x, y, v - a[x][y] + a[x][y + 1]})`

D. `q.push({x, y, a[x][y + 1] - a[x][y]})`

42. ⑤处应填（　　）。

A. `q.push({x + 1, y + 1, v + a[x + 1][y + 1] - a[x + 1][y]})`

B. `q.push({x+1, 2, v - a[x][2] + a[x][1] - a[x + 1][1] + a[x + 1][2]})`

C. `q.push({x+1, 2, v + a[x][2] - a[x][1] + a[x + 1][2] - a[x + 1][1]})`

D. `q.push({x + 1, 2, v + a[x + 1][2] - a[x + 1][1]})`

提高组 CSP-S 2025 初赛模拟卷 10

一、单项选择题（共 15 题，每题 2 分，共计 30 分；每题有且仅有一个正确选项）

1. 在 NOI Linux 2.0 环境下，以下哪条命令能够实现指定 C++特定版本进行编译？（　　）

   A. `g++ -g -std=c++11 main.cpp -o main`

   B. `g++ -g -std=c++14 main.cpp -o main`

   C. `g++ -g -std=c++17 main.cpp -o main`

   D. `g++ -g -std=c++20 main.cpp -o main`

2. 下面有关格雷码的说法中，错误的是（　　）。

   A. 在格雷码中，任意两个相邻的代码在二进制下有且仅有一位不同

   B. 长度为 3 的格雷码依次为 000, 001, 010, 011, 100, 101, 110, 111

   C. 格雷码由贝尔实验室的 Frank Gray 在 20 世纪 40 年代提出

   D. 格雷码是一种可靠性编码

3. 以下哪个选项不属于 STL 中链表的操作函数？（　　）

   A. `resize`　　B. `push_back`　　C. `pop`　　D. `front`

4. 下列关于 `namespace` 的说法中错误的是（　　）。

   A. `namespace` 可以嵌套，例如 `namespace X {namespace Y {int i;}}`

   B. `namespace` 只可以在全局定义

   C. `namespace` 中可以存放变量和函数

   D. 如果程序中使用 `using` 命令同时引用了多个 `namespace`，并且 `namespace` 中存在相同的函数，会出现程序错误

5. 某哈夫曼树（根结点为第 1 层）共有 7 个叶子结点，这棵树的高度不可能是（　　）。

   A. 8　　B. 6　　C. 5　　D. 4

6. 现有一段 3 分钟的视频，它的播放速度是每秒 24 帧图像，每帧图像是一幅分辨率为 1920 像素×1080 像素的 32 位真彩色图像。请问要存储这段原始无压缩视频，大约需

要多少字节的存储空间？（　　）

A. 286.6 GB　　B. 71.6 GB　　C. 142.3 GB　　D. 35.8 GB

7. 在桶排序算法中，对于一个长度为 n 的序列，设桶的个数为 m，在桶内使用插入排序，则其平均时间复杂度是（　　）。

A. $O(nm)$　　B. $O(n^2)$　　C. $O(n+m+\frac{n^2}{m})$　　D. $O(n+m)$

8. 以下判断一个整数 n 是否为奇数的代码中，错误的是（　　）。

A. `if (n%2)`　　B. `if (n&1)`

C. `if (n%2==1)`　　D. `if (!(n%2==0))`

9. 下面关于计算机软硬件历史的说法中，错误的是（　　）。

A. 第三代计算机使用了集成电路，降低了计算机的空间占用和成本

B. 20 世纪 80 年代，微软公司开发出了 MS-DOS 操作系统

C. 图灵发明了名为“巨人”的计算机，破解了德军的 ENIGMA 密码

D. 第一台基于冯·诺依曼思想的计算机是 1946 年发明的 ENIAC

10. p,q 为质数，p 整除 7q+1，q 整除 7p+1，则有（　　）组不同的 p 和 q 组合。

A. 4　　B. 6　　C. 8　　D. 10

11. KMP 算法属于与（　　）相关的算法。

A. 并查集　　B. 线段树　　C. 字符串　　D. 二分图

12. 若集合 I={1,2,3,4,5}，选择集合 I 的两个非空子集 A 和 B，要使得 B 中最小的数大于 A 中最大的数，一共有（　　）种不同的选择。

A. 50　　B. 48　　C. 47　　D. 49

13. 如果今天是星期一，那么对于任意正整数 n，经过 $2^{2025n}+2023n+2025$ 天后是（　　）。

A. 星期四　　B. 星期三　　C. 星期二　　D. 星期一

14. 6 名参加信息学竞赛的学生 A、B、C、D、E、F 站成一排拍照，要求 A 一定要在 B 的左边（不一定相邻），一共有（　　）种排列方法。

A. 720　　B. 360　　C. 480　　D. 540

15. 设甲、乙两人每次射击命中目标的概率分别为 0.75 和 0.8，且各次射击相互独立，若按甲、乙、甲、乙……的次序轮流射击，直到有一人击中目标就停止射击，则停止射击时，甲射击了两次的概率是（　　）。

A. 7/120　　B. 11/240　　C. 19/400　　D. 23/480

二、阅读程序（程序输入不超过数组或字符串定义的范围；判断题正确填√，错误填×；除特殊说明外，判断题每题 1.5 分，选择题每题 3 分，共计 40 分）

（1）

```
01 #include <bits/stdc++.h>
02
03 const int Max = 100005;
04 long long t, n, p[Max], s[Max], a[Max], E;
05
06 int main() {
07    scanf("%lld", &t);
08    while (t--) {
09       scanf("%lld", &n);
10       for (int i = 1; i <= n; i++)
11          scanf("%lld", &p[i]);
12       for (int i = 1; i <= n; i++)
13          scanf("%lld", &s[i]);
14       for (int i = 0; i <= n; i++)
15          if (p[i] != -1 && s[i + 1] != -1) {
16             E = p[i] ^ s[i + 1];
17             break;
18          }
19       for (int i = 0; i <= n; i++) {
20          if (p[i] == -1 && s[i + 1] != -1)
21             p[i] = E ^ s[i + 1];
22          else if (p[i] != -1 && s[i + 1] == -1)
23             s[i + 1] = E ^ p[i];
24          else if (p[i] == -1 && s[i + 1] == -1)
25             p[i] = 1;
26          if (i)
27             printf("%lld ", p[i] ^ p[i - 1]);
28       }
29       puts("");
30    }
31 }
```

保证每组数据均有 $-1 \leqslant p_i, s_i \leqslant 2^{60}$，且 $\sum[p_i == -1] + \sum[s_i == -1] = n$，回答下列问题。

■ 判断题

16. 如果 p[i]是 int 类型，则与原程序相比，不一定能输出正确答案。 （ ）
17. 将第 29 行中的 puts()函数改成 putchar()，程序的输出不变。 （ ）
18. （2 分）当 n=1 时，程序输出 p[1]与 s[1]中非-1 的那个数。 （ ）
19. （2 分）E 不会大于 pi 和 si 的最大值。 （ ）

■ 选择题

20. 若程序输入为

```
1
4
-1 -1 -1 -1
2 3 5 7
```

则程序输出为（ ）。

A. 1 6 2 7　　B. 7 2 6 1　　C. 2 6 1 2　　D. 2 1 6 2

21. 若程序输入为

```
1
4
-1 34 367 -1
3178 -1 -1 3333
```

则程序输出中的第三个数为（ ）。

A. 3333　　B. 333　　C. 3178　　D. 267

（2）

```
01 #include <bits/stdc++.h>
02 using namespace std;
03 const int NR=1e3+10;
04 int n,s,t,ans=1000,a[NR],b[NR],f[2][NR];
05
06 int main() {
07     cin>>n>>s>>t;
08     for(int i=1;i<=n;i++)cin>>a[i]>>b[i];
09     if(s>=t) {
10         puts("0");
11         return 0;
```

```
12      }
13      memset(f[0],-999999,sizeof(f[0]));f[0][0]=s;
14      for(int i=0;i<ans;i++) {
15          int now=i&1,pre=now^1;
16          for(int j=0;j<=t;j++)
17              for(int k=1;k<=n;k++)
18                  if(f[now][j]>=a[k]) {
19                      if(j+b[k]<=t)
          f[now][j+b[k]]=max(f[now][j+b[k]],f[now][j]-a[k]);
20                      else ans=i+1;
21                  }
22          memset(f[pre],-9999999,sizeof(f[pre]));
23          for(int j=0;j<=t;j++)
24              if(f[now][j]+j>=t) ans=i+1;
25              else f[pre][j]=f[now][j]+j;
26      }
27      cout<<ans<<endl;
28      return 0;
29  }
```

假设数据满足$1 \leqslant n \leqslant 100$，$1 \leqslant s,t \leqslant 1000$，$1 \leqslant a_i,b_i \leqslant 2^{31}$，回答下列问题。

■ **判断题（每题2分）**

22. 将第22行中的-9999999改为-1，程序输出不变。（ ）

23. 本段代码的时间复杂度为$O(n^3)$。（ ）

24. 本段代码使用了滚动数组优化f数组空间。（ ）

■ **选择题**

25. 假设某组输入为

```
1 1 8
1 1
```

则程序输出为（ ）。

A. 1　　B. 2　　C. 3　　D. 4

26. 假设某组输入为

```
2 1 8
1 1
2 8
```

则程序输出为（　　）。

A. 1　　B. 2　　C. 3　　D. 4

27. 如果删除第 22 行代码，则在输入相同时，程序输出与原来相比（　　）。

A. 变大或不变　　B. 不变

C. 变小或不变　　D. 以上情况都有可能

（3）

```
01 #include <bits/stdc++.h>
02
03 #define int long long
04 using namespace std;
05
06 const int INF=3e5+5;
07
08 string s1;
09 int sum[INF][35],t[35],la[35],la1[35];
10
11 int check(int l,int r) {
12     int ans=0;
13     for (int i=0;i<26;i++)
14         if (sum[r][i]-sum[l-1][i]) ans++;
15     return ans;
16 }
17
18 signed main()
19 {
20     ios::sync_with_stdio(false);
21     cin>>s1;int len=s1.size();s1=" "+s1;
22     for (int i=1;i<=len;i++) {
23         for (int j=0;j<26;j++)
24             sum[i][j]=sum[i-1][j]+((s1[i]-'a')==j);
25     }
26     for (int i=1;i<=26;i++) {
27         int j1=0,j2=0,sum1=0,sum2=0;
28         for (int k=1;k<=len;k++) {
29             j1=max(j1,k-1);j2=max(j2,k-1);
30             while (j1+1<=len && sum1<=i) {
31                 if (la[s1[j1+1]-'a']==0 && sum1==i) break;
```

```
32                la[s1[j1+1]-'a']++;
33                if (la[s1[j1+1]-'a']==1) sum1++;
34                j1++;
35            }
36            while (j2+1<=len && sum2<i) {
37                la1[s1[j2+1]-'a']++;
38                if (la1[s1[j2+1]-'a']==1) sum2++;
39                j2++;
40            }
41            if (sum2==i && sum1==i) t[i]+=j1-j2+1;
42            la1[s1[k]-'a']--;
43            if (la1[s1[k]-'a']==0) sum2--;
44            la[s1[k]-'a']--;
45            if (la[s1[k]-'a']==0) sum1--;
46        }
47    }
48    cout<<check(1,len)<<"\n";
49    for (int i=1;i<=26;i++)
50        if (t[i]) cout<<t[i]<<"\n";
51    return 0;
52 }
```

输入数据满足$1 \leqslant |s1| \leqslant 10^5$，且为小写字母组成的字符串。

■ 判断题

28. 程序第一个输出的数字可能为 0。（ ）

29. 在第 9 行声明数组时，如果将声明 t[35]改成 t[25]，程序一定发生运行错误。（ ）

■ 选择题

30. 若程序输入 abca，则程序输出的最大值是（ ）。

A. 1　　B. 2　　C. 3　　D. 4

31. 程序在第 50 行输出的数字之和与字符串 s1 长度 n 的关系为（ ）。

A. 等于(n*(n+1))/2　　B. 小于(n*(n+1))/2

C. 大于(n*(n+1))/2　　D. 以上都有可能

32. 当输入一个长度为 n 的字符串时，代码 j1 j2 移动的最大次数约为（ ）。

A. N　　B. n*n　　C. 26*n　　D. 26*n*n

三、完善程序（单选题，每小题 3 分，共计 30 分）

（1）题目描述：

有一个 H 行 W 列的网格，每一格都被涂成黑色或白色。

形式化地，有 H 个长为 W 的字符串 S1，S2，…，SH。若 Si.j 是#，则网格中第 i 行第 j 列被涂为黑色；若 Si.j 是.，则网格中第 i 行第 j 列被涂为白色。

若有一条从黑色方格到达白色方格的路径，途中只沿水平或垂直方向移动，所经相邻方格颜色不同，我们将这条路径称为合法路径。

求网格中有多少合法路径。

```
01 #include <bits/stdc++.h>
02 #define ll long long
03 #define ri register
04 #define all(x) x.begin(),x.end()
05 using namespace std;
06 const int N=401,M=N*N;
07 int n,m,f[M],g[M],sz[M];
08 ll ans;
09 char a[N][N];
10 inline int ord(int x,int y){①;}//压成一位
11 inline int find(int z){return f[z]==z?②;}//并查集
12 inline void merge(int x,int y) {
13     x=find(x),y=find(y);
14     if(x==y) return;
15     f[x]=y,sz[y]+=sz[x],g[y]+=g[x];
16     sz[x]=g[x]=0;
17 }
18 int main() {
19     scanf("%d%d",&n,&m);
20     for(int i=1;i<=n;i++)scanf("%s",a[i]+1);
21     for(int i=1;i<=n;i++)
22         for(int j=1;j<=m;j++)
23         if(③)a[i][j]=④,g[ord(i,j)]++;
24     for(int i=1;i<=n*m;i++)sz[i]=1,f[i]=i;
25     for(int i=1;i<=n;i++)
26         for(int j=1;j<=m;j++) {
27             if(a[i][j]==a[i+1][j])
28                 merge(ord(i,j),ord(i+1,j));
29             if(a[i][j]==a[i][j+1])
```

```
30              merge(ord(i,j),ord(i,j+1));
31          }
32      for(int i=1;i<=n*m;i++)
33          if(f[i]==i)ans+=⑤;
34      printf("%lld\n",ans);
35      return 0;
36 }
```

33. ①处应填（　　）。

A. `y*m+x`　B. `(y-1)*m+x`　C. `(x-1)*m+y`　D. `(x-1)*n+y`

34. ②处应填（　　）。

A. `f[z]:z`　B. `f[z]=find(f[z]):z`

C. `z:f[z]=find(z)`　D. `z:f[z]=find(f[z])`

35. ③处应填（　　）。

A. `(i+j)==1`　B. `(i+j)%2`　C. `(i-j)%2==1`　D. `(i*j)%2`

36. ④处应填（　　）。

A. `a[i][j]=='#'?'.':'#'`　B. `a[i][j]=='.'?'.':'#'`

C. `~a[i][j]`　D. `a[i][j]`

37. ⑤处应填（　　）。

A. `1ll*g[i]*sz[i]`　B. `1ll*g[i]*(sz[i]-g[i])`

C. `1ll*g[i]*(sz[i]-1)`　D. `g[i]`

（2）题目描述：

给定n个由大写字母组成的字符串，选择尽量多的串，使得每个大写字母都出现偶数次。n≤24。

（提示：采用折半搜索策略。）

```
01 #include <bits/stdc++.h>
02 #define MAXN 35
03 #define MAXM 10005
04 using namespace std;
05 map <int,int> m;
```

```
06 int n,has[MAXN];
07 char ch[MAXM];
08
09 int lowbit(int x)
10 {
11     return x&-x;
12 }
13
14 int Calc(int x)
15 {
16     int res=0;
17     for(;①) res++;
18     return res;
19 }
20
21 int main()
22 {
23     while(cin>>n)
24     {
25         m.clear();
26         memset(has,0,sizeof(has));
27         for(int i=0;i<n;i++)
28         {
29             scanf("%s",ch+1);
30             int len=strlen(ch+1);
31             for(int j=1;j<=len;j++) has[i]^=1<<ch[j]-65;
32         }
33         int ans=0,n1=②,n2=n-n1;
34         for(int i=0;i<(1<<n1);i++)
35         {
36             int x=0;
37             for(int j=0;j<n1;j++) if(i&(1<<j)) x^=has[j];
38             if(③) m[x]=i;
39         }
40         for(int i=0;i<(1<<n2);i++)
41         {
42             int x=0;
43             for(int j=0;j<n2;j++) if(i&(1<<j)) x^=has[n1+j];
44             if(④) ans=(i<<n1)^m[x];
45         }
46         printf("%d\n",Calc(ans));
```

```
47        for(int i=0;i<n;i++) if(⑤) printf("%d ",i+1);
48        puts("");
49    }
50    return 0;
51 }
```

38. ①处应填（　　）。

A. `x<=n;x+=lowbit(x)`　　B. `x<=n;x-=lowbit(x)`

C. `x;x-=lowbit(x)`　　D. `x;x+=lowbit(x)`

39. ②处应填（　　）。

A. `1`　　B. `n/2`　　C. `n-1`　　D. `n`

40. ③处应填（　　）。

A. `!m.count(x) && Calc(m[x])<Calc(i)`

B. `!m.count(x) || Calc(m[x])<Calc(i)`

C. `m.count(x) && Calc(m[x])<Calc(i)`

D. `m.count(x) || Calc(m[x])<Calc(i)`

41. ④处应填（　　）。

A. `m.count(x) || Calc(ans)>Calc((i<<n1)^m[x])`

B. `m.count(x) || Calc(ans)<Calc((i<<n1)^m[x])`

C. `m.count(x) && Calc(ans)>Calc((i<<n1)^m[x])`

D. `m.count(x) && Calc(ans)<Calc((i<<n1)^m[x])`

42. ⑤处应填（　　）。

A. `ans|(1<<i)`　　B. `ans|(1<<(i-1))`

C. `ans&(1<<i)`　　D. `ans&(1<<(i-1))`